Teoria e Prática do
Tratamento de Minérios

Arthur Pinto Chaves e
Rotênio Castelo Chaves Filho

Separação densitária
volume 6

Copyright © 2013 Oficina de Textos

Grafia atualizada conforme o Acordo Ortográfico da Língua Portuguesa de 1990, em vigor no Brasil a partir de 2009.

Conselho editorial Cylon Gonçalves da Silva; Doris C. C. K. Kowaltowski; José Galizia Tundisi; Luis Enrique Sánchez; Paulo Helene; Rozely Ferreira dos Santos; Teresa Gallotti Florenzano

Capa e projeto gráfico Malu Vallim
Diagramação Bruno Tonelli
Preparação de textos Gerson Silva
Revisão de textos Hélio Hideki Iraha

Dados Internacionais de Catalogação na Publicação (CIP)
(Câmara Brasileira do Livro, SP, Brasil)

Chaves, Arthur Pinto
    Separação densitária / Arthur Pinto Chaves e Rotênio Castelo Chaves Filho. -- São Paulo : Oficina de Textos, 2013. -- (Coleção teoria e prática do tratamento de minérios ; v. 6)

Bibliografia.
    ISBN 978-85-7975-070-0

    1. Engenharia de minas 2. Minérios - Tratamento 3. Separação densitária I. Chaves Filho, Rotênio Castelo. II. Título. III. Série.

12-15685   CDD-622.7

Índices para catálogo sistemático:
1. Minérios : Tratamento : Engenharia de minas   622.7
2. Tratamento de minérios : Engenharia de minas   622.7

Todos os direitos reservados à **Editora Oficina de Textos**
Rua Cubatão, 959
CEP 04013-043   São Paulo SP
tel. (11) 3085-7933   (11) 3083-0849
www.ofitexto.com.br   atend@ofitexto.com.br

Prefácio

Este sexto volume chega às livrarias e, em princípio, encerra esta série.

Muitos se perguntarão a razão de sua publicação se existe um livro excelente publicado pelos colegas Carlos Sampaio e Marcelo Tavares, por meio da Editora da UFRGS. A razão é que o foco aqui é diferente: visa-se mais à aplicação prática e ao dia a dia do profissional tratamentista.

Portanto, este livro não substitui aquele e nem mesmo pretende competir com ele. Recomendo a leitura conjunta dos dois, na certeza de que será muito proveitosa e enriquecedora.

Outra novidade é a publicação por meio da associação entre a Signus Editora e a Oficina de Textos. Como resultado, a parte gráfica foi aprimorada e a obra foi cuidadosamente revisada.

Como os demais volumes desta série, este último é essencialmente prático e voltado para o cotidiano do engenheiro de produção ou projetista e para os alunos dos últimos anos dos cursos de Engenharia.

Arthur Pinto Chaves

Sumário

1 Métodos gravíticos..7
   1.1 Critério de concentração 8
   1.2 Relação de concentração 10
   Referências bibliográficas..11

2 Caracterização da separação densitária......................12
   2.1 Ensaio de lavabilidade 13
   2.2 Líquidos orgânicos 21
   2.3 Lavabilidade de outros minérios...........................28
   2.4 Caracterização dos carvões 30
   Referências bibliográficas..36

3 Jigagem..37
   3.1 Equipamento 38
   3.2 Mecanismo de separação 49
   3.3 Prática operacional...54
   Referências bibliográficas..76

4 Separação em meio denso 77
   4.1 Separação por soluções salinas.............................78
   4.2 Uso de suspensoides 80
   4.3 Meio denso autógeno 83
   4.4 Equipamentos 83
   4.5 Operações auxiliares..97
   4.6 Dimensionamento dos equipamentos 101
   Referências bibliográficas..102

5 Separação em lâmina d'água..................................103
   5.1 Mecanismo de separação em lâmina d'água 105
   5.2 Equipamentos 106
   5.3 Prática operacional...126
   Referências bibliográficas..130

6 Separadores centrífugos 132
   6.1 Separador Knelson 134
   6.2 Concentrador Falcon 136

6.3 *Multi-gravity separator* (MGS) 139
 6.4 Jigue centrífugo 141
 Referências bibliográficas 142

7 Partição 143
 7.1 Conceito de partição 143
 7.2 Modelo de Terra para as curvas de partição 148
 7.3 Modelo do USBM 157
 7.4 Outros modelos 162
 Exercícios resolvidos 164
 Referências bibliográficas 178

8 Separação magnética 181
 8.1 Conceitos básicos 181
 8.2 Equipamentos 188
 8.3 Prática operacional 203
 Exercícios resolvidos 210
 Referências bibliográficas 212

9 Separação eletrostática 214
 9.1 Conceitos básicos 215
 9.2 Equipamentos 218
 9.3 Prática operacional 223
 Referências bibliográficas 226

10 Lavra e beneficiamento de minério de aluvião 227
 10.1 Conceito de mineral pesado 227
 10.2 Lavra de aluviões 230
 10.3 Bolas de argila e *scrubbers* 236
 Exercício resolvido 239
 Referências bibliográficas 239

Métodos gravíticos

Os processos de concentração mineral que se baseiam nas diferenças entre os pesos específicos (ou "densidades") das espécies minerais são os mais importantes em termos de tonelagem processada e, em princípio, os mais baratos em termos de investimento na instalação e custo operacional.

Para efeito de apresentação, dividiremos o seu campo em quatro grupos: os processos de jigagem, os processos de meio denso, os processos de separação em lâmina d'água e os processos centrífugos. Dessa forma, os equipamentos envolvidos são:

- jigues;
- meio denso: vasos de Tromp, tambores, rodas Teska, outros separadores ditos "estáticos", ciclones de meio denso, *dyna whirlpool* e outros, ciclone autógeno (*water only cyclone* ou *hydrocyclone*);
- lâmina d'água: calhas, espirais, cone Reichert, mesas vibratórias;
- equipamentos centrífugos: separadores Knelson e Falcon, *multigravity separator* (MGS) e jigue centrífugo.

O carvão representa a grande tonelagem tratada por métodos gravíticos, razão pela qual a maior parte das contribuições técnicas foi trazida por essa indústria. A ele segue-se o minério de ferro. Os minerais pesados (estanho, ouro, diamantes, minerais de praia), embora menos expressivos em termos de tonelagem, são primordialmente concentrados por esses métodos.

Mills (1978) assinala, com muita propriedade, que a visão generalizada é de que a separação gravítica é aplicável apenas a carvão e a algumas separações obscuras em que a flotação falhou.

Essa visão é distorcida e ficará cada vez mais no passado. Três são as razões para isso, segundo ele:

- *capex* por tonelada mais baixo;
- os processos gravíticos não utilizam produtos químicos;
- impacto ambiental pequeno, exceto pela disposição de lamas.

Isto posto, é importante mencionar um grande fator limitante dos processos gravíticos, que é o elevado consumo de água, o que exige o projeto correto de sua recirculação.

Recomendamos insistentemente a complementação da leitura do presente texto com a consulta da excelente revisão feita por Sampaio e Tavares (2005).

1.1 Critério de concentração

O critério de concentração fornece uma ideia da facilidade/dificuldade de separar duas espécies minerais por métodos gravíticos. Ele foi sugerido por Taggart com base em sua enorme experiência profissional e aplica-se à separação na qual a água é o fluido de separação. Define-se como (Lins, 2004):

$$CC = \frac{\rho_p - 1}{\rho_l - 1} \quad (1.1)$$

onde ρ_p e ρ_l são os pesos específicos do mineral pesado e do mineral leve, respectivamente.

Esse número é interpretado pela Tab. 1.1.

Tab. 1.1 Valores do critério de concentração (CC) e dificuldade de separação

CC	Dificuldade
> 2,5	separação eficiente até 74 μm
2,5-1,75	separação eficiente até 147 μm
1,75-1,5	separação possível até 1,4 mm, porém difícil
1,5-1,2	separação possível até 6 mm, porém difícil

Na prática, em princípio, o uso do CC simples é suficiente para a nossa avaliação. Tome-se como exemplo a separação de wolframita ($\rho_p = 7,5$) e quartzo ($\rho_l = 2,65$):

$$CC = \frac{7{,}5 - 1}{2{,}65 - 1} = 3{,}94$$

Pela Tab. 1.1, a separação é eficiente até 74 μm e, dado o valor elevado de CC, fácil (Lins, 2004).

Outros exemplos:

- Separação de fluorita ($\rho_p = 3{,}3$) e calcário ($\rho_l = 2{,}65$):

$$CC = \frac{3{,}3 - 1}{2{,}65 - 1} = 1{,}39$$

Pela Tab. 1.1, a separação é possível apenas nas frações grosseiras, e difícil.

- Beneficiamento de carvão ($\rho_p = 2{,}7$; $\rho_l = 1{,}5$):

$$CC = \frac{2{,}7 - 1}{1{,}5 - 1} = 3{,}4$$

Pela Tab. 1.1, a separação é fácil até 74 μm. Na prática, a separação de carvão é praticada até 0,5 mm.

- Itabirito: hematita ($\rho_p = 5{,}0$) e quartzo ($\rho_l = 2{,}7$):

$$CC = \frac{5{,}0 - 1}{2{,}7 - 1} = 2{,}35$$

Para CC entre 2,5 e 1,75, a separação é eficiente até 147 μm.

- Ouro ($\rho_p = 19{,}6$) e quartzo ($\rho_l = 2{,}7$):

$$CC = \frac{19{,}6 - 1}{2{,}7 - 1} = 10{,}94$$

Para CC > 2,5, a separação é eficiente até 74 μm.

Burt (1984) introduz uma correção de granulometria, conforme a Fig. 1.1: o CC necessário para caracterizar a boa separabilidade aumenta conforme o tamanho das partículas diminui. Quanto mais acima da curva estiver o ponto (granulometria, CC), mais fácil será a separação.

O referido autor introduz também um fator de forma das partículas, definido como o quociente dos fatores de forma do mineral pesado e do mineral leve. Sua recomendação mais impor-

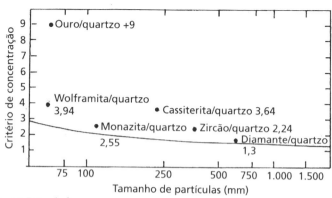

Fig. 1.1 Fator de forma

tante, porém, é utilizar a densidade do meio em lugar de 1, que é a densidade da água. A fórmula do CC ficaria, então:

$$CC = \frac{\rho_p - \rho_m}{\rho_l - \rho_m} \quad (1.2)$$

onde ρ_p e ρ_l são os pesos específicos do mineral pesado e do mineral leve, respectivamente, e ρ_m é a densidade do meio.

Se $\rho_l - \rho_m$ diminui, o valor do CC aumenta. É o caso da separação em meio denso, precisa e eficiente, porque o CC torna-se muito alto.

1.2 Relação de concentração

Muitos dos minérios concentrados gravítica ou densitariamente (como esse processo é também chamado) são muito pobres. Tome-se o caso de um minério de estanho cuja alimentação tem um teor de 700 g/t. Como uma tonelada tem 1.000.000 g, o seu teor será 100 x 700 g/1.000.000 g = 0,07%. Se o seu concentrado tiver um teor de 60%, o enriquecimento será de 60/0,07 = 857 vezes.

A redução de massa entre alimentação e concentrado é proporcional e, por isso, fica mais fácil trabalhar com um parâmetro denominado relação de concentração, que é a razão entre as massas da alimentação e de concentrado.

Referências bibliográficas

BURT, R. O. *Gravity concentration technology*. Amsterdam: Elsevier, 1984.

LINS, F. A. F. Concentração gravítica. In: DA LUZ et al. (Ed.). *Tratamento de minérios*. 4. ed. Rio de Janeiro: Cetem/MCT, 2004.

MILLS, C. Process design, scale-up and plant design for gravity concentration. In: MULAR, A. L.; BHAPPU, R. B. (Ed.). *Mineral processing plant design*. New York: AIME/SME, 1978. p. 404-426.

SAMPAIO, C. H.; TAVARES, L. M. M. *Beneficiamento gravimétrico*. Porto Alegre: Editora da UFRGS, 2005.

2 Caracterização da separação densitária

Para a britagem, a moagem, o peneiramento e a classificação, era importante conhecer a distribuição dos tamanhos das partículas, independentemente da sua composição mineralógica. Para a separação densitária, por sua vez, torna-se importante outra informação: a distribuição das partículas segundo as suas densidades. Essa distribuição é apresentada pela curva de lavabilidade, que passamos a explicar.

A explicação é dada para carvão mineral, que é o caso com mais informações na literatura; porém, *mutatis mutandis*, vale para qualquer outra substância mineral.

Os carvões são extremamente heterogêneos em consequência do seu processo de formação. Além disso, formam misturas mais ou menos íntimas de sua matéria carbonosa com substâncias minerais, que chamaremos de matéria mineral sem nos preocuparmos com a sua natureza.

A substância carbonosa tem densidade (real – mais precisamente, peso específico) variável entre 1,2 e 1,4, muito mais leve, portanto, que as espécies minerais usuais. Entretanto, muito raramente ela ocorre pura – e, no caso brasileiro, nunca. Ela ocorre sempre intercrescida com minerais sedimentares (folhelhos, margas e argilitos ou arenitos) de densidade entre 2,65 e 2,7 e com pirita de densidade em torno de 5,0. Assim, ao examinarmos uma amostra de partículas de carvão quanto às suas densidades, encontraremos uma variação contínua entre 1,2 e 5,0. A Fig. 2.1 mostra a variação de densidades de partículas compostas de carvão/xisto/pirita em proporções volumétricas variáveis.

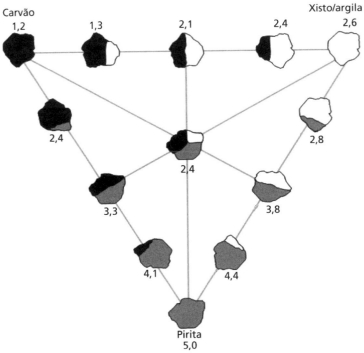

Fig. 2.1 Densidade real de partículas presentes no carvão
Fonte: Ruiz Nieves (2009).

2.1 Ensaio de lavabilidade

O ensaio é muito simples e consiste em passar uma amostra por uma série de vasos contendo líquidos de densidades diferentes e controladas. A amostra é apresentada sucessivamente a cada um deles, em ordem crescente ou decrescente, ou em qualquer outra ordem que seja mais conveniente. Em cada vaso – por exemplo, no que contém o líquido de densidade d_n –, as partículas mais pesadas que o líquido afundam e as mais leves flutuam. São gerados dois produtos: o leve (representado por $-d_n$) e o pesado (representado por $+d_n$). As partículas afundadas ($+d_n$) são, então, colocadas no líquido de densidade d_{n+1}. O processo de separação se repete: as partículas mais leves que d_{n+1} (e mais pesadas que d_n) flutuam, gerando o produto $+d_n-d_{n+1}$, e as demais afundam, gerando o produto $+d_{n+1}$. Estas são, então, colocadas no líquido de densidade d_{n+2}, e assim sucessivamente. A Fig. 2.2 esquematiza o processo.

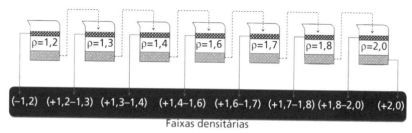

Fig. 2.2 Ensaio de lavabilidade
Fonte: Ruiz Nieves (2009).

Os produtos obtidos são lavados cuidadosamente para remover o líquido denso. Vale lembrar que esses líquidos são caros e corrosivos, podem alterar o peso e a composição das amostras e, se não forem removidos, irão evaporar dentro da estufa, corroendo-a. Depois de lavadas, as amostras são secas, pesadas e encaminhadas para a dosagem de cinzas (análise imediata) e enxofre. Obtém-se um resultado similar aos valores apresentados na Tab. 2.1 (carvão alemão).

Os valores da Tab. 2.1 indicam que se trata de um carvão muito bom: numa separação ideal na densidade 1,6, teríamos um produto flutuado (–1,6) com 80,3% da massa e 5,0% de cinzas. O afundado (+1,6) teria 20% da massa e 62,9% de cinzas.

No ensaio de afunda-flutua, teoricamente não importa a granulometria das frações. Portanto, não seria necessário separar partículas de tamanhos diferentes. A realidade, porém, é diferente: os ensaios são realizados em separado para as frações granulométricas acima de 1/2", entre 1/2" e 35#, entre 35 e 100# e entre 100 e 250#, por razões operacionais.

O +1/2" é separado em baldes, por causa do tamanho das amostras representativas e das partículas; o –1/2"+35# é separado em béqueres; o –35+100#, em funis de separação; e o –100+250# só pode ser separado em centrífugas.

Tab. 2.1 Resultados do ensaio de lavabilidade

Faixa densitária	−1,3	+1,3–1,4	+1,4–1,5	+1,5–1,6	+1,6–1,8	+1,8–2,0	+2,0–2,2	+2,2	Total
% massa	49,4	20,6	6,3	4,0	2,9	2,2	2,5	12,1	100,0
% m. ac. ac.	49,4	70,0	76,3	80,3	83,2	85,4	87,9	100,0	
% m. ac. ab.	50,6	30,0	23,7	19,7	16,8	14,6	12,1	0,0	
% cinzas	1,7	5,3	15,6	26,8	39,5	59,8	71,3	79,3	17,8
% cz. ac. ac.	1,7	2,8	3,8	5,0	6,2	7,5	9,4	17,8	
% cz. ac. ab.	17,8	33,6	53,0	62,9	70,3	75,6	77,9	79,3	

* ac. ab. = acumulada abaixo; ac. ac. = acumulada acima.

Nunca se faz a lavabilidade para o −250#. Primeiro, porque finos não são suscetíveis de separação densitária, de modo que essa informação seria de nenhuma valia. Depois, porque as lamas são extremamente nocivas para os processos densitários, pois, por terem dimensões desprezíveis, ficam em suspensão homogênea no líquido de separação, distribuindo-se aleatoriamente e contaminando os produtos, além de alterarem a viscosidade do meio, prejudicando a separação das partículas mais grosseiras.

Vale lembrar também que a curva de lavabilidade representa apenas o material que foi ensaiado. Quando a distribuição granulométrica é muito ampla, certamente serão utilizados diferentes equipamentos, conforme a adequação a cada faixa granulométrica. Nesse caso, torna-se interessante distinguir essas frações e levantar as curvas em separado para cada uma delas.

2.1.1 Curva de lavabilidade

A representação gráfica desses resultados é feita num diagrama cartesiano que apresenta a massa flutuada (expressa em % sobre a alimentação). Por razões práticas, a escala do eixo das massas é invertida (cresce no sentido de cima para baixo).

As massas na Fig. 2.3 são classes de uma população. Sua representação gráfica correta seria, portanto, um histograma. Convencionou-se, porém, substituí-lo por uma linha contínua passando pelos pontos centrais das barras verticais, como mostra a Fig. 2.4.

O valor médio da faixa deveria, a rigor, corresponder à densidade média daquela população (intervalo de densidades). Coloca-se, assim, uma questão: qual média adotar: a média aritmética, mais rápida e imediata, ou a média geométrica, como é feito nos círculos acadêmicos? Na prática, adota-se o valor central, que corresponde à média aritmética, e o erro cometido é mínimo com referência à média geométrica. Outra dificuldade corresponde ao valor central das faixas extremas (no caso da Tab. 2.1, −1,3 e +2,2).

Como a densidade da partícula mais leve é desconhecida, adota-se arbitrariamente algum valor entre 1,26 e 1,28. Não tem sentido dividir a densidade menor por dois, o que corresponderia à média aritmética entre ela e zero, porque não existe

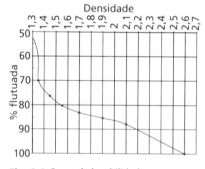

Fig. 2.3 Curva de lavabilidade

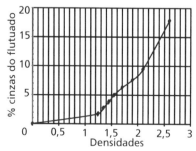

Fig. 2.4 Curva das cinzas

partícula de densidade zero! Qualquer erro proveniente dessa adoção arbitrária terá influência muito pequena na posição e na forma da curva.

No caso da faixa mais pesada, porém, o valor adotado pode afetar significativamente a forma da curva, como alertam Peng et al. (1979). A equipe técnica do Instituto de Pesquisas Tecnológicas (IPT) dos anos 1980 media a densidade real da fração afundada (+2,2, nesse caso) e adotava o seu valor.

2.1.2 Curva das cinzas

É outro diagrama cartesiano, que mostra o teor de cinzas do flutuado x densidade da separação. Ambas as escalas crescem no sentido usual, mas a convenção é colocar a escala dos teores no lado direito do diagrama.

A Fig. 2.4 mostra essa curva. Curvas análogas podem ser construídas para o enxofre, matéria volátil etc., conforme o interesse do estudo.

2.1.3 Apresentação e uso das curvas

A forma usual de apresentação é superpondo as curvas de lavabilidade e de cinzas num gráfico único, como mostra a Fig. 2.5, que ilustra um caso real: a curva de lavabilidade de uma amostra de carvão do Leão (Minas do Leão, RS).

A leitura desse gráfico fornece vários tipos de informação:

a] *massa flutuada teórica para uma dada densidade de separação e seu teor de cinzas*: uma separação ideal (teórica ou ideal) na densidade 1,5 flutuaria 45% da massa alimentada. O flutuado teria o teor de 22,8% de cinzas. Esses valores são encontrados levantando-se uma vertical na abscissa 1,5 e lendo-se os valores das coordenadas em que ela intercepta as curvas de lavabilidade e das cinzas, respectivamente;

b] *densidade necessária para obter um teor de cinzas desejado e massa flutuada*: para obter-se 45% de cinzas no flutuado, será preciso usar uma densidade de separação de 2,1. A massa flutuada será de 85%. Esses valores são encontrados traçando-se a horizontal que passa pela ordenada 45% e lendo-se os valores das abscissas em que ela intercepta as curvas de lavabilidade e das cinzas, respectivamente;

c] *quantidade de material near gravity*: essa quantidade corresponde à massa entre (densidade de separação +0,1) e (densidade de separação −0,1). Para 1,5, tem-se 22,5% da massa entre 1,4 e 1,6; para 2,1, 10% entre 2,0 e 2,2.

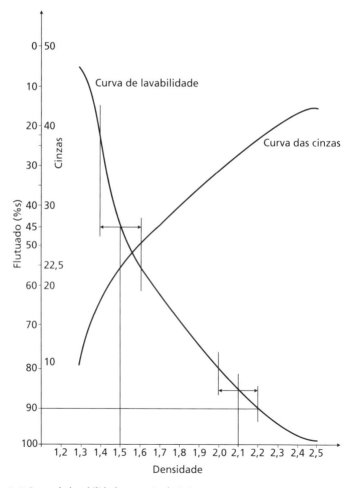

Fig. 2.5 Curva de lavabilidade - carvão do Leão

A quantidade de material *near gravity* representa a inclinação da curva de lavabilidade na densidade de corte e está associada à dificuldade em beneficiar um carvão. Ela é traduzida pela escala de Bird, apresentada na Tab. 2.2.

Tab. 2.2 Escala de Bird

% near gravity	Problema de separação	Processo recomendado	Tipo
0 a 7	Simples	Qualquer um	Jigues, mesas, espirais, calhas, cones, meio denso etc.
7 a 10	Moderadamente difícil	Processo eficiente	
10 a 15	Difícil	Processo eficiente e boa operação	
15 a 20	Muito difícil	Processo muito eficiente e operação por especialistas	Meio denso
20 a 25	Excessivamente difícil		
Acima de 25	Formidável	Processo excepcionalmente eficiente, limitado a poucos	Meio denso com controle automático de processo

Segundo essa escala, a separação do carvão do Leão, fração –4+2" (que os carvoeiros representam por 4x2"), na densidade 1,5 seria uma separação excessivamente difícil. Não se pode pensar em fazê-la em jigue, que é sempre a primeira opção de separação densitária. É preciso fazê-la em circuitos de meio denso (tambor de meio denso ou separador Teska), com operação especializada.

A separação na densidade de 2,1, por sua vez, é apenas moderadamente difícil. Pode, portanto, ser feita com segurança num jigue.

Mills (1978) comenta que a dificuldade apontada vem sendo reduzida devido à melhoria dos equipamentos de controle operacional. Comenta, ainda, que a tabela de Bird não leva em conta o tamanho das partículas. Em razão disso, o bom senso e a experiência não podem ser deixados de lado. Ademais, é muito importante ressaltar que a tabela de Bird não é restrita a carvões, mas se aplica também a quaisquer outros minérios.

2.1.4 Outras representações

Existem outras maneiras de representar a lavabilidade de um carvão, e as mais importantes são as curvas de Henry--Reinhardt e de Mayer.

Essas representações facilitam a leitura de teores de afundado e de flutuado. Elas foram muito importantes antes do advento das máquinas de calcular eletrônicas, quando o cálculo gráfico era uma prática importante de engenharia. Hoje em dia, com a facilidade de máquinas de calcular e de planilhas eletrônicas, elas não se justificam mais, razão pela qual não nos deteremos nelas. Aos interessados, recomenda-se a excelente apresentação dada por Sampaio e Tavares (2005), às páginas 64-70.

A curva de Henry-Reinhardt é um diagrama % de massa x teor de cinzas (sem consideração da densidade), no qual são traçadas:
- ♦ a curva dos teores de cinzas das frações simples da alimentação;
- ♦ a curva dos teores de cinzas acumulados acima;
- ♦ a curva dos teores de cinzas acumulados abaixo.

A informação fornecida são os teores de cinzas de afundado e de flutuado para uma dada recuperação. Como essa informação é insuficiente, costuma-se completar a curva com uma curva de densidades.

A curva de Mayer utiliza um conceito diferente: os pontos da curva de lavabilidade são definidos por vetores, com origem na origem das ordenadas (porcentagens flutuadas) e extremidade sobre a curva. As coordenadas desses pontos (extremidades do vetor) são a porcentagem de massa acumulada acima (ordenadas) e a acumulação do produto (massa simples x teor de cinzas na fração x 0,01).

As várias classes densimétricas são as cordas da curva de Mayer. Os vetores polares representam os cortes densitários passíveis de serem feitos. A projeção de cada vetor no eixo das ordenadas representa a recuperação em massa da separação representada por ele.

2.2 Líquidos orgânicos

O meio ideal de separação corresponde a um líquido verdadeiro de densidade apropriada à separação (densidade entre 2,5 e 4,0 g/cm³), não tóxico, estável (de modo a não reagir com a amostra), não volátil, transparente, miscível com os solventes usuais e acessível em termos de custo.

Esse líquido não existe!

Todos os líquidos densos utilizados são tóxicos, corrosivos, possuem baixa pressão de vapor (o que lhes dá elevado poder de volatilização), implicando grandes perdas, e nem todos são recicláveis. Alternativamente, soluções de sais pesados, como cloretos de cálcio, de estanho ou de zinco, podem ser usadas. Ademais, são todos caros!

Os líquidos densos somente são utilizados em laboratório. Foram feitas várias tentativas de uso industrial, que logo foram desativadas em razão dos problemas técnicos, econômicos e operacionais encontrados, tais como corrosão de equipamentos, perigo de perdas para a atmosfera – com o risco associado de envenenamento da equipe –, além do alto custo para repor o líquido evaporado. Soluções salinas são usadas esporadicamente na separação de carvões.

Com exceção do carvão, com densidade entre 1,4 e 1,8 g/cm³, e da diatomita, com densidade de 0,8 g/cm³, a grande maioria dos minerais possui densidade entre 2,5 e 3,0 g/cm³. Na faixa de separação usual acima de 2,7 g/cm³, os líquidos mais utilizados e suas principais características são apresentados na Tab. 2.3.

Outras densidades são obtidas mediante a utilização de um solvente adequado, como tetracloreto de carbono, densidade 1,5; acetona, densidade 0,788; benzeno, densidade 0,879; álcool etílico, densidade 0,89. Depois de utilizados, as misturas são destiladas para recuperar o líquido denso.

Tanto os líquidos orgânicos como os solventes são muito voláteis, razão pela qual a operação deve ser conduzida em capela e a densidade do meio deve ser periodicamente conferida e corrigida.

Tab. 2.3 Líquidos densos mais utilizados

Líquido	Composição	Densidade
Tricloroetano	CCl$_3$CH$_3$	1,330
Triclorobromometano	CCl$_3$Br	2,001
Bromofórmio	CHBr$_3$	2,86
Brometo de metileno	CH$_2$Br$_2$	2,484
Tribromofluormetano	CBr$_3$F	2,748
Tetrabromoetano	CHBr$_2$CHBr$_2$	2,964
Di-iodeto de metileno	CH$_2$I$_2$	3,325
Licor de Clérici	CH$_2$(COOTl)$_2$.HCOOTl	4,280

Fonte: adaptado de Aquino, Oliveira e Braga (2007).

A seguir, destacam-se as principais propriedades de cada líquido.

Bromofórmio: líquido com densidade de 2,86 g/cm^3 a 25°C e ponto de ebulição de 151°C. Se misturado com tetracloreto de carbono, produz uma série contínua de líquidos com densidades entre 1,58 e 2,86 g/cm^3. É miscível também com o etanol, que vem sendo crescentemente utilizado em substituição ao tetracloreto de carbono, a exemplo também do xilol, da gasolina e da nafta. Os gases de bromofórmio são tóxicos e toda separação deve ser feita em capela muito bem ventilada.

Tetrabromoetano (TBE): um dos líquidos mais amplamente utilizados em separações em meio denso. Quando puro, é praticamente incolor e tem densidade de 2,96 g/cm^3 a 25°C. Os vapores do tetrabromoetano também são tóxicos e, portanto, toda separação deve ser feita em capela muito bem ventilada. Seu ponto de ebulição é 125°C.

Di-iodeto de metileno: quando puro, tem cor de palha (amarelado) e densidade de 3,32 g/cm^3 a 25°C. Seu ponto de ebulição é 180°C. Em uso ou exposto a luz forte, decompõe-

-se vagarosamente, liberando iodo, que deixa o líquido vermelho. Deve-se evitar o aquecimento da mistura, por causa da decomposição do di-iodeto de metileno.

Todos esses reagentes precisam ser removidos da superfície das partículas minerais mediante cuidadosa lavagem com o solvente. Este pode ser removido posteriormente, por evaporação em uma capela, regenerando o líquido denso para nova utilização.

Licor de Clérici: é o formiato-malonato de tálio, substância extremamente tóxica, utilizada em programas de desratização. Possui densidade de 4,25 g/cm^3 a 25°C. É usado, nas separações, no intervalo de densidades entre 3,5 e 4,25. É solúvel em água e seu ponto de ebulição é 90°C.

O licor de Clérici geralmente é usado a temperaturas ligeiramente maiores que a temperatura ambiente. Somente quando altas densidades são desejadas é que são usadas soluções saturadas a quente. Quando as separações são feitas em béquer, a temperatura da solução pode ser mantida colocando-se o béquer num banho de areia. Quando se usa funil de separação, este pode ser encoberto com um elemento aquecido para manter a temperatura.

A solução de Clérici é extremamente venenosa ao contato. Rapidamente absorvida pela pele, pode causar dano ao sistema nervoso, rins, sistema digestivo e circulatório. Recomenda-se o uso de máscara de gás para evitar a inalação de seus vapores, de roupas protetoras e luvas para evitar contatos com a pele, bem como de óculos de proteção.

Solventes: líquidos totalmente miscíveis com os líquidos densos. São utilizados para a lavagem dos produtos obtidos na separação e para a obtenção de meios com densidades intermediárias. Neste último caso, é desejável que o solvente apresente baixa tensão de vapor e ponto de ebulição acima de 45-50°C, de modo a manter estável a densidade da mistura.

O tetracloreto de carbono é um líquido volátil de densidade de 1,58 g/cm^3 a 25°C. Seu ponto de ebulição é 76,8°C. É miscível com benzeno em todas as proporções, produzindo líquidos com densidade entre 0,88 e 1,58 g/cm^3. É o principal solvente utilizado; o mais encontrado na literatura. No Brasil, o álcool etílico compete com ele.

A operação com esses líquidos deve ser feita com funil de separação tampado e béqueres cobertos, de forma a minimizar a evaporação.

Pelo fato de os pontos de ebulição serem similares, os líquidos raramente são separados depois do uso. As misturas podem ser usadas para a lavagem de recuperação de líquidos densos mais caros.

O tetracloreto de carbono e o benzeno são estáveis e não descoloram, podendo ser usados repetidamente.

O tetracloreto de carbono é tóxico por inalação prolongada, contatos repetidos com a pele ou ingestão. O benzeno é altamente volátil e inflamável, com vapor muito tóxico. Ambos devem ser usados em sala bem ventilada e, preferencialmente, em uma capela.

Os principais solventes utilizados para cada um dos líquidos densos são apresentados no Quadro 2.1.

Quadro 2.1 Principais solventes utilizados para cada líquido denso

Líquido denso	Solventes mais comuns
Bromofórmio	Álcool etílico, éter, benzeno, tetracloreto de carbono
Tetrabromoetano	Éter, benzeno, acetona, xilol, tetracloreto de carbono
Di-iodeto de metileno	Éter, acetona, tetracloreto de carbono
Licor de Clérici	Água

O meio a ser utilizado pode ser tanto um reagente puro como uma composição deste com seus solventes. Nesse caso, a densidade desejada da composição pode ser calculada conforme:

$$V_2 = V_1 \cdot \frac{\rho_1 - \rho}{\rho - \rho_2} \qquad (2.1)$$

onde V_2 é o volume do líquido de densidade ρ_2 que se deve adicionar a um volume V_1 do líquido de densidade ρ_1, para a obtenção de uma mistura com a densidade desejada ρ.

Para conferir a densidade do líquido ou da mistura, são utilizados:

- balanças apropriadas;
- bateria de pastilhas com densidades padronizadas;
- índice de refração do líquido;
- densímetros;
- balão volumétrico.

O balão volumétrico é o procedimento mais usual e mais preciso de aferição da densidade, a partir da relação entre a massa do líquido e o volume do balão.

A densidade do meio deve ser conferida sistematicamente a períodos regulares, particularmente no caso de misturas com os solventes mais voláteis, devido à instabilidade que essas misturas apresentam, sobretudo em relação à temperatura e à evaporação dos solventes.

2.2.1 Procedimento laboratorial

A aparelhagem a ser utilizada em cada separação depende do tamanho das partículas e da quantidade a ser ensaiada. Com relação à granulometria da amostra a separar, os equipamentos podem ser agrupados em três principais:

a] *Béquer* ou *balde*: utilizados na separação de minerais com partículas acima de 1,7 mm (10#): coloca-se a amostra no líquido e agita-se a mistura para permitir a adequada dispersão das partículas. Esperam-se alguns minutos para possibilitar a separação das partículas. Agita-se novamente, com delicadeza, flutuado e afundado, para permitir a saída das partículas aprisionadas na fração errada. A separação está concluída quando o líquido entre as frações flutuada e afundada está límpido.

Recolhe-se a fração flutuada com uma escumadeira. O material é filtrado em funil raiado ou Buchner com papel de filtro e, na sequência, lavado com o solvente do líquido denso. Lava-se e filtra-se a vácuo até que esteja praticamente isento do líquido denso utilizado. Os produtos gerados devem ficar em ambiente bem ventilado para evaporar o resto de solvente que porventura ainda permanecer nas amostras. Em seguida, o material é colocado em estufa para secagem total a 110°C. Não se deve colocar nas estufas as amostras impregnadas de líquido denso, porque este é volátil e muito corrosivo.

b] *Funil de separação*: geralmente utilizado para a separação de materiais com granulometria entre 1,7 e 0,074 mm (200#). Coloca-se o líquido no funil e, em seguida, o material. Agita-se e espera-se a separação das frações. Agita-se novamente afundado e flutuado. Primeiramente, descarrega-se o material afundado; em seguida, o líquido denso intermediário e, por fim, o flutuado. Isso é feito mediante a operação cuidadosa da torneirinha do funil. As duas frações passam pelos mesmos processos de filtragem, lavagem com solvente e secagem descritos na separação com béquer.

c] *Centrífuga*: utilizada na separação de amostras contendo material com granulação fina, particularmente quando da presença de partículas com dimensões inferiores a 0,074 mm. A operação é feita com um número par de frascos para equilibrar as cargas dentro da centrífuga. A amostra deve ser cuidadosamente deslamada.

O material sólido deve ser o primeiro a ser colocado no frasco e, em seguida, uma pequena quantidade de líquido denso. Agita-se a suspensão com uma haste de vidro e adiciona-se o restante do líquido, até completar o volume adequado. Então, liga-se a centrífuga.

Opera-se de forma semelhante às separações em béquer ou funil nas etapas de filtragem, lavagem e secagem dos produtos obtidos.

Após a lavagem dos produtos separados, obtém-se uma solução de líquido denso e solvente. Esses dois produtos costumam ser separados de duas maneiras:

i *Destilação fracionada*: aquece-se a mistura até atingir a temperatura de ebulição do solvente (ponto de ebulição mais baixo). Nesse ponto, há estabilização de temperatura e exalação dos vapores, que são condensados. A separação do solvente do líquido termina quando a temperatura começa a subir novamente.

Após a destilação, deixa-se o líquido denso em exposição ao ar em capela ventilada por algumas horas, para que ele atinja maior grau de purificação e volte à sua densidade original. O líquido recuperado costuma apresentar coloração levemente alterada, sem modificar, porém, suas propriedades características.

ii *Extração por solvente*: adiciona-se à solução uma terceira fase líquida (em geral, água), que seja miscível com o solvente utilizado, e não com o líquido denso. Isso se aplica especialmente ao bromofórmio, quando da utilização de álcool como solvente.

A restauração das características originais dos líquidos densos, particularmente da coloração, é feita de forma distinta para os vários reagentes:

♦ *Bromofórmio:* com o uso, o bromofórmio perde a sua cor natural, em decorrência de oxidação ou de contaminação por minerais. Para recuperar o líquido, normalmente se adiciona calcário para descolori-lo, e faz-se uma filtragem, clarificando o bromofórmio. No entanto, o líquido pode ter uma coloração vermelha depois desse tratamento, pela presença de bromo livre. O bromo é rapidamente removido ao agitar-se o líquido com a presença de solução de hidróxido de sódio ou potássio, separando os dois líquidos num funil de separação e, então, adicionando cloreto de cálcio para absorver algum eventual resíduo da solução alcalina.

- *Tetrabromoetano* (TBE): o tetrabromoetano pode ser limpo ao ser agitado com pequena quantidade de bromo, num funil de separação, até a mistura assumir uma coloração vermelha. A seguir, adiciona-se uma pequena quantidade de hidróxido de sódio e continua-se agitando. Após a descoloração do TBE, este é separado da solução cáustica. O TBE pode ser desidratado pela adição de cloreto de cálcio, o qual é removido em seguida por filtração.
- *Di-iodeto de metileno:* a sua coloração normal pode ser recuperada ao agitar-se o material com uma solução diluída de hidróxido de sódio ou potássio, separando o líquido já descolorido, desidratando com cloreto de cálcio e filtrando. Também pode ser descolorido agitando-se o líquido com poucas gotas de mercúrio. O líquido deve ficar armazenado no escuro com alguns pedaços de cobre, adicionados para prevenir descoloração.
- *Solução de Clérici:* o sal é recuperado dos minerais por meio da lavagem com água e da posterior evaporação desta. Depois de um período de tempo, pode-se formar um resíduo preto ou marrom na solução. Esse resíduo é facilmente dissolvido pela adição de uma pequena quantidade de ácido fórmico ou redissolvendo o sólido em uma pequena quantidade de água destilada e, depois, evaporando para secagem. Deve-se tomar cuidado para a temperatura da solução não ultrapassar 130ºC, quando o sal se decompõe.

Mills (1978) tece algumas considerações sobre esse produto. Segundo ele, o licor de Clérici é muito menos perigoso do que se imagina. Não deve nunca ser aquecido em banho de areia, conforme recomendam alguns fabricantes, pois esse aquecimento pode decompor os sais de tálio, que são altamente tóxicos. O licor de Clérici deve ser sempre aquecido em banho-maria, que limita a temperatura a 100ºC, na qual os sais de tálio não se decompõem.

Em razão da alta viscosidade do licor de Clérici, é recomendável usar centrífugas para separações a densidades mais elevadas.

2.3 Lavabilidade de outros minérios

As curvas de lavabilidade são amplamente utilizadas para carvões e são uma ferramenta preciosa na previsão de resultados de beneficiamento, como será mostrado adiante. A dificuldade de utilizar para outros minérios essa ferramenta tão útil reside na dificuldade de encontrar líquidos densos com densidades adequadas a essas separações.

Os aparelhos *sink-and-float*, equipamentos de laboratório que utilizam magnetita ou ferrossilício como suspensoide, não fornecem curvas de lavabilidade no sentido estrito do conceito, porque não são separações perfeitas como as obtidas com líquidos orgânicos densos. As separações são perturbadas pela turbulência necessária para manter o suspensoide em suspensão, pelos efeitos de parede etc. Entretanto, muitas vezes são a melhor aproximação que pode ser feita.

O Magstream é um equipamento de laboratório que utiliza suspensões de partículas ferromagnéticas coloidais (0,1 a 0,15 μm) em líquidos como querosene, silicones ou água, submetidos à ação de um gradiente de campo magnético. Usam-se dispersantes para manter as partículas dispersas. O equipamento gira em torno do seu eixo, de modo a gerar um campo centrífugo, o que permite separar partículas finas. A densidade do meio denso gerado dentro do aparelho é função da intensidade e do gradiente de campo. Esse aparelho permite operar a densidades maiores e, com isso, traçar as curvas de lavabilidade para outros minérios.

Trabalhando no Centro de Tecnologia Mineral (Cetem) com material de demolição (RCD – resíduo de construção e demolição), o autor teve que levantar a curva de lavabilidade da fração –1+1/2". A técnica empregada foi colocar sobre uma balança de precisão uma proveta de 100 mL contendo certo volume de água. As partículas eram lançadas uma a uma dentro da proveta, medindo-se a variação de volume e de peso. Os resultados foram tabelados e calculada a densidade de cada partícula. Foram medidas as densidades de 300 partículas e construído o histograma de suas densidades, que corresponde à curva de lavabilidade.

2.4 Caracterização dos carvões

Os carvões não são minérios. No campo da Tecnologia Mineral, são chamados de combustíveis sólidos, combustíveis fósseis ou outras designações. Como tal, os conceitos de análise química usuais para os minérios não valem para eles.

No dia a dia, por exemplo, para fins práticos, não interessa fazer a análise elementar de um carvão. Resultariam teores de C, H, N, S, O etc. que não fornecem nenhuma informação de utilização imediata. O que se faz, na prática, é caracterizar o carvão à combustão, à coqueificação, analisar o seu teor de enxofre e medir o seu poder calorífico.

Não entraremos no mérito da dosagem de enxofre, que é um método analítico, nem na medida do poder calorífico, que é um método calorimétrico. Os demais aspectos são abordados a seguir.

2.4.1 Análise imediata

Quando um carvão – vegetal ou mineral – é queimado, ocorre a seguinte sequência de eventos:
- a combustão inicia-se com chama amarelada, que passa gradativamente a azul; o cheiro é forte e característico;
- cessam as chamas e o carvão fica em brasa, com cor avermelhada; a temperatura sobe muito e o calor passa a ser irradiado;
- decorrido algum tempo, cessa a combustão e restam apenas cinzas.

O carvão é um sólido composto de hidrocarbonetos de cadeia longa, como a mostrada na Fig. 2.6. O comprimento das cadeias varia, e alguns hidrocarbonetos de cadeia mais curta são mais voláteis que os de cadeia mais comprida. Quando ocorre a combustão, a temperatura alcançada é suficiente para volatilizá-los, e o que é queimado é o gás, não o sólido. Esse gás desprende-se das partículas sólidas e é queimado, gerando a chama, cuja temperatura não é muito elevada.

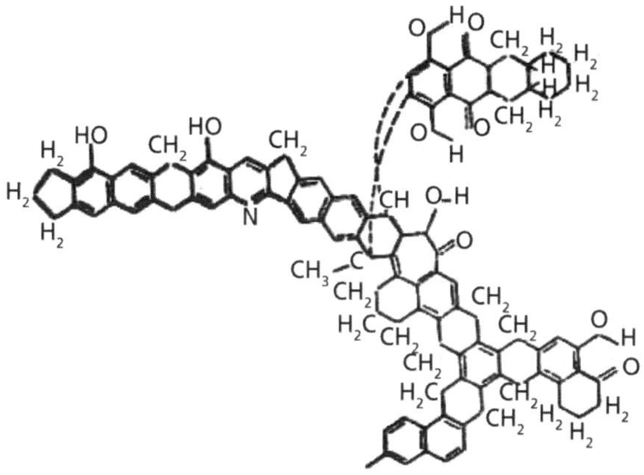

Fig. 2.6 Estrutura típica de um hidrocarboneto constituinte do carvão

A parcela de massa correspondente a esses hidrocarbonetos mais leves é chamada de *matéria volátil*. Ela queima primeiro que os hidrocarbonetos mais pesados, os quais só começarão a queimar quando se esgotar a matéria volátil. Então, cessam as chamas e a temperatura sobe consideravelmente. A parcela de massa correspondente a esses hidrocarbonetos mais pesados é chamada de *carbono fixo*. Ao final, consumido todo o material combustível, resta a matéria mineral associada ao carvão, a *cinza*.

Existe uma peculiaridade semântica, que é a diferença entre *cinza* e *cinzas*. Cinza é a matéria mineral presente no carvão; cinzas, por sua vez, são o resultado final da combustão, que é a cinza mais algum carvão não consumido.

A análise imediata reproduz em laboratório e em condições estritamente controladas esse mesmo processo: uma massa de carvão pulverizado é levada a uma estufa a 105-110°C. Ela é seca até peso constante. A massa inicial, úmida, é m_1, e a final, seca, m_2. A umidade total é dada por:

$$\text{umidade, b.s.} = \frac{m_1 - m_2}{m_2} \times 100 \qquad (2.2)$$

Vale lembrar que, além da umidade total, definem-se a umidade superficial, determinada pela secagem a 40°C, e a umidade residual ou inerte, determinada pela secagem da amostra britada a –3,4 mm e secada a 105-110°C.

A preparação da amostra para a análise imediata é feita da seguinte forma:

- a amostra seca é britada em britador de rolos até 100% -2,4 mm;
- o produto da britagem é seco em estufa com circulação de ar entre 105 e 110°C;
- após a secagem, a amostra é quarteada até 500 g, no mínimo, em quarteador Jones;
- a alíquota é britada em britador de rolos até 100% -0,84 mm e, então, quarteada até 250 g, no mínimo, em quarteador Jones;
- a nova alíquota é rebritada em moinho de rolos até 100% -0,25 mm e, em seguida, quarteada novamente até 60 g, no mínimo, em quarteador Jones.

A massa seca é, então, quarteada até 1 g e colocada em um cadinho, que é tampado. A tampa é furada. O cadinho é levado à mufla a 950°C durante sete minutos (dois na entrada da mufla, com a porta parcialmente aberta, e cinco dentro da mufla, com a porta fechada). A matéria volátil volatiliza-se e os gases enchem o cadinho. A pressão interna é positiva e impede a entrada de ar, de modo que não pode ocorrer combustão. A massa final é m_3. O teor de matérias voláteis é dado por:

$$\% \text{ MV} = \frac{m_2 - m_3}{m_2} \times 100 \qquad (2.3)$$

Por fim, o cadinho é destampado e levado à mufla a 775°C durante 60 minutos. Eventualmente, injeta-se oxigênio na mufla. Após esse período, revolve-se a massa dentro do cadinho com fio de platina, para verificar se a combustão foi completa. Em caso negativo, leva-se o cadinho à mufla por mais 30 minutos. Não existe mais barreira para o oxigênio do ar, e o carbono fixo é todo consumido. A massa final é m_4. Dessa forma, resultam dois valores:

o teor de cinzas, dado por:

$$\% \text{ cinzas} = \frac{m_4}{m_2} \times 100 \qquad (2.4)$$

o teor de carbono fixo, dado por:

$$\% \text{ carbono fixo} = \frac{m_4 - m_3}{m_2} \times 100 \qquad (2.5)$$

Note que, embora as massas finais sejam m_3 e m_4, a medida é sempre referida a m_2, a mesma base da umidade, ou seja, a base seca.

É importante ressaltar que, na análise imediata, a exemplo do que ocorre na combustão, não acontece apenas a combustão da matéria volátil e do carbono fixo. Os minerais presentes também são alterados em maior ou menor extensão:

- carbonatos são decompostos: $CaCO_3 = CaO + CO_2$;
- minerais hidratados são calcinados: $Al_2O_3 \cdot 3H_2O = Al_2O_3 + 3H_2O$;
- a pirita é ustulada: $2 FeS_2 + 5{,}5 O_2 = Fe_2O_3 + 4 SO_2$.

A massa inicial da matéria mineral presente sofre, portanto, alterações que dependem da sua natureza e das suas proporções. Entretanto, o resultado reflete o que acontece na combustão real.

2.4.2 Comportamento à coqueificação

O ensaio mais tradicional é o *free swelling index* (FSI), ou índice de inchamento ao cadinho (ASTM D720-67). Ele consiste em colocar 1 g de carvão pulverizado dentro de um cadinho, nivelá-lo, colocar o cadinho em uma mufla e aquecê-lo a 820°C durante 2,5 minutos. Dependendo do caráter coqueificante do carvão, ele se funde; dependendo da quantidade de matérias voláteis que ele tem, ele se expande. O pó de carvão, então, funde, expande-se e, finalmente, solidifica-se. Disso resulta um botão de coque (ou o carvão pulverizado continua no fundo do cadinho, se ele for não coqueificável), que é retirado do cadinho e comparado com os perfis normatizados (Fig. 2.7), ao ser girado.

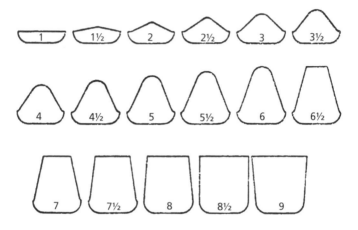

Fig. 2.7 Perfis resultantes do FSI

O carvão é considerado bom para a coqueria se resultar um FSI entre 3½ e 5. Abaixo de 3, a coqueificação é muito pobre. Acima de 5, o excessivo volume de bolhas geradas torna as paredes do coque muito finas e o coque, muito frágil.

Esse ensaio, embora muito fácil de interpretar e extremamente prático, tem uma certa dose de subjetividade, razão pela qual foi substituído pela plastometria, que consiste em medir a viscosidade que o carvão fundido apresenta durante a coqueificação. É um método preciso, quantitativo e de excelente reprodutibilidade.

Existem vários plastômetros, como, por exemplo, o Gieseler, cujo ensaio é normatizado (ASTM D1812-69), e o Audibert-Arnu.

O plastômetro Audibert-Arnu é um aquecedor que aumenta a temperatura a uma velocidade uniforme de 3°C/min. Uma amostra de carvão pulverizado, compactada em forma de cilindro, é colocada dentro do forno, e sobre ela é colocado um pistão cilíndrico. A posição desse cilindro é monitorada por um sensor, e a contração ou dilatação do carvão durante o aquecimento é registrada. No início da fusão do carvão (360-410°C) ocorre contração. Em sequência, a evolução das matérias voláteis forma bolhas dentro do coque e o dilata. A 440-500°C ocorre a ressolidificação, e o volume permanece constante. Carvões bons para a fabricação de coque dilatam acima de 50%.

O índice Gray-King faz a correlação da dilatação com perfis padronizados semelhantes aos obtidos no FSI, conforme apresentado na Tab. 2.4.

No plastômetro Gieseler, ilustrado na Fig. 2.8 (ASTM, 1974), pazinhas ligadas a um eixo giram dentro do carvão conforme este começa a coqueificar. O torque é registrado e fornece uma medida quantitativa do fenômeno.

Tab. 2.4 CORRELAÇÃO DA DILATAÇÃO COM PERFIS PADRONIZADOS

Dilatação máxima	Gray-King
Não amolece	A
Somente contração	B a D
0	E a G
0 a 50%	G1 a G4
50% a 140%	G5 a G8
>140%	>G8

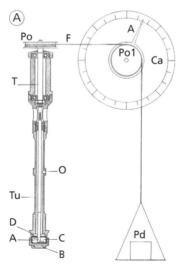

Fig. 2.8 Plastômetro Gieseler

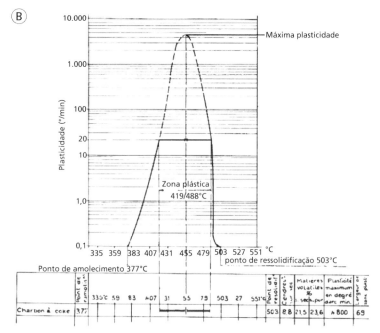

Fig. 2.8 Plastômetro Gieseler (cont.)

Referências bibliográficas

AQUINO, J. A.; OLIVEIRA, M. L. M.; BRAGA, P. J. Ensaios em meio denso. In: SAMPAIO, J. A. et al. (Ed.). *Tratamento de minérios*: práticas laboratoriais. Rio de Janeiro: Cetem/MCT, 2007.

ASTM - AMERICAN SOCIETY FOR TESTING AND MATERIALS. Standard test method for free swelling index of coal. *ASTM designation D720-67*.

ASTM - AMERICAN SOCIETY FOR TESTING AND MATERIALS. Plastic properties of coal by the Gieseler plastometer. *ASTM designation D1812-69* (reaproved 1974).

MILLS, C. Process design, scale-up and plant design for gravity concentration. In: MULAR, A. L.; BHAPPU, R. B. (Ed.). *Mineral processing plant design*. New York: AIME/SME, 1978. p. 404-426.

PENG, F. F.; WALTERS, A. D.; GEER, M. D.; LEONARD, J. W. Evaluation and prediction of optimum cleaning results. In: LEONARD, J. W. (Ed.). *Coal preparation*. 4. ed. New York: AIME, 1979. cap. 18.

RUIZ NIEVES, A. S. *Flotação do carvão contido no rejeito da barragem El Cantor*. Dissertação (Mestrado) - Escola Politécnica da USP, São Paulo, 2009.

SAMPAIO, C. H.; TAVARES, L. M. M. *Beneficiamento gravimétrico*. Porto Alegre: Editora da UFRGS, 2005.

Jigagem 3

A jigagem é a operação unitária de beneficiamento mais antiga, e também a mais barata. O fato de ser praticada ainda hoje com o mesmo princípio que há 4.000 anos e de ser objeto de desenvolvimento constante é razão suficiente para nos determos na consideração dos seus méritos.

A Fig. 3.1 reproduz uma gravura de Agricola, livro publicado no século XIV, que mostra dois operários jigando manualmente o minério sobre uma tela (Agricola, 1950).

O jigue mais simples que pode ser construído consta de um cesto perfurado, carregado com algum mineral de aluvião – tipicamente areia contendo minerais pesados –, que é ritmicamente mergulhado e levantado num meio líquido (Fig. 3.2). Decorrido um certo número de imersões e emersões, o operador retira o cesto da água, deita-o sobre uma mesa e separa três frações, nitidamente discerníveis, como mostrado ao lado direito da figura:

Fig. 3.1 Jigagem manual

- ♦ a porção superior, apenas areia, que é descartada como rejeito;

- a porção inferior, escura, composta dos minerais pesados, que é o concentrado;
- a porção média, composta de minerais ainda não separados ou de minerais não liberados, que permanece no cesto para novo ciclo de processamento.

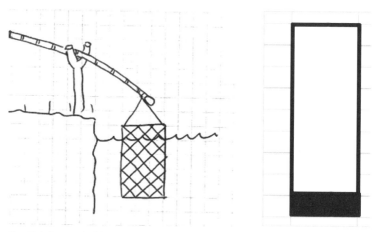

Fig. 3.2 Jigue primitivo

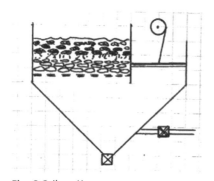

Fig. 3.3 Jigue Harz

3.1 Equipamento

Evidentemente, o jigue manual é um aparelho muito limitado, tanto em termos de dispêndio energético – onde encontrar operários dispostos a executar um trabalho tão pesado? – como em termos de confiabilidade da operação. O primeiro jigue mecânico foi o Harz, desenvolvido na região mineira do Harz, na Alemanha (Fig. 3.3). Ele tem um pistão que sobe e desce, empurrando água para cima e para baixo através de um crivo. O minério é alimentado continuamente sobre o crivo e submetido ao mesmo ciclo a que o minério dentro do cesto era submetido.

Tanto no jigue manual como no Harz, o minério e o estéril são estratificados sobre o crivo pelos impulsos ascendentes e descendentes alternados. O jigue mecânico compõe-se de dois compartimentos: em um deles existe uma placa perfurada, o crivo, sobre a qual corre o minério e que é atravessada pelas pulsações da água; no outro são geradas as pulsações – no caso do jigue Harz, pelo movimento do pistão. Veremos que existem muitas alternativas ao pistão, como, por exemplo, diafragmas, admissão e exaustão de ar e movimentação da caixa.

No jigue mecânico, o minério é alimentado por uma extremidade do equipamento e caminha, arrastado por um fluxo d'água. Conforme ele percorre a extensão do jigue, vai sendo estratificado e, ao atingir a extremidade de descarga, minério e rejeito devem estar separados em camadas bem distintas.

A Fig. 3.4 mostra uma réplica de um jigue Baum, exibida no Departamento de Engenharia de Minas da Escola de Engenharia de Aachen, na Alemanha. O carvão é o mineral preto e leve, que é estratificado por cima do xisto, branco e pesado, que fica por baixo. A alimentação entra pelo lado esquerdo e, à medida que o minério (carvão) caminha sobre o crivo (em direção à direita), ele se estratifica, chegando ao final em duas camadas bem distintas.

Fig. 3.4 Jigue Baum jigando carvão

Se o minério é fino e o objeto de interesse econômico é um mineral pesado, o concentrado (afundado) atravessa o crivo e é descarregado pelo fundo do jigue. Se o minério é grosso, é preciso prover um septo de separação, de modo que o produto leve corra sobre ele e o produto pesado grosso descarregue por baixo dele.

A regulagem da posição desse septo será, portanto, fundamental para a boa separação de materiais mais grossos.

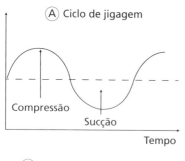

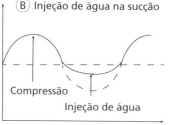

Fig. 3.5 Ciclo de jigagem no jigue Harz

Nos jigues Harz, o ciclo de pressão imposto pela água sobre o leito de minério é uma senoide (Fig. 3.5A). Assim, logo se tornou evidente que a sucção violenta da água, que ocorria na subida do pistão, era prejudicial à seletividade da separação. Em razão disso, os jigues Harz passaram a receber o implemento de uma injeção de água por debaixo do leito durante o período de sucção, de modo a contrabalançá-la. O ciclo ficou, então, semelhante ao da Fig. 3.5B (linha contínua). No Brasil, tivemos um jigue Harz operando na Companhia Carbonífera Cambuí, e com excelente desempenho, aliás.

O grande desenvolvimento subsequente, em 1892, segundo Gaudin (1939), foi substituir o pistão por uma câmara de ar comprimido, ligada a um compressor de ar e a um sistema de válvulas de admissão do ar à câmara e de descarga controlada desse ar. O ciclo da água dentro da câmara varia conforme as velocidades de admissão e de descarga do ar. Assim, é possível alterar o formato da curva, que era uma senoide, para qualquer das formas das linhas ponto e traço mostradas na Fig. 3.6, ou para qualquer outra configuração factível. Isso é uma vantagem imensurável para a qualidade da separação, como será discutido adiante.

Fig. 3.6 Ciclo do jigue pneumático

O jigue resultante é o jigue Baum (Fig. 3.7), também desenvolvido na Alemanha para o beneficiamento de carvão, mas universalmente aplicado. No Brasil, tivemos um jigue Baum na usina de Piçarrão, em Nova Era (MG), que beneficiava itabirito −8+2 mm, além de vários outros que faziam a pré-lavagem do carvão metalúrgico em Santa Catarina.

Todo jigue é alimentado por uma de suas extremidades, já em polpa. A água que acompanha a alimentação é chamada de *água hidráulica* e tem a função de transportar o minério através do equipamento. A água injetada para acertar o ciclo de jigagem é chamada de *água hutch* ou *água de fundo*. Conforme a sucessão dos ciclos, o minério vai se separando em três camadas: os leves por cima, os pesados por baixo e os médios entre ambos. É comum o jigue dispor de sucessivas câmaras, cada qual com uma regulagem diferente.

Fig. 3.7 Jigue Baum
Fonte: M-A-N (s.n.t.).

Um jigue moderno para carvão é um equipamento semelhante ao mostrado na Fig. 3.8. Trata-se de uma máquina muito complexa, totalmente automatizada. No modelo mostrado, são retirados três produtos, com cortes a densidades diferentes. Nos lavadores de carvão do sul do Brasil, retirava-se um rejeito piritoso como primeiro afundado, um rejeito xistoso como segundo afundado e o carvão lavador como leve. Esse carvão lavador não era "lavado", mas

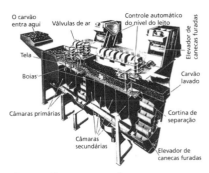

Fig. 3.8 Jigue para carvão
Fonte: McNally Pittsburgh (1977).

enviado para uma unidade central em Tubarão (SC), onde era reprocessado num circuito de ciclones de meio denso.

Os minerais pesados finos atravessam o crivo e são arrastados no fundo por algum dispositivo de transporte (p. ex., um transportador helicoidal). Os pesados grossos correm por cima do crivo até um ponto onde um dispositivo de corte separa os pesados dos leves. Estes continuam correndo sobre o crivo da câmara seguinte e aqueles são descarregados pelo fundo, reunidos aos finos e retirados por um elevador de canecas furadas, para drenar o produto pesado.

O grande problema, portanto, é o controle da posição do septo que vai fazer a separação das duas camadas. Diferentes soluções foram encontradas pelos fabricantes:

a] A Fig. 3.9 mostra a solução dada pelo jigue Jeffrey: o septo é fixo e uma válvula rotativa de velocidade variável gira, mantendo constante a altura da camada de pesados. Essa altura é determinada pela posição de uma boia ("peixinho"), cuja densidade (relação massa/volume) é igual à densidade de corte, a qual aciona um dispositivo eletromecânico que controla a velocidade de descarga.

Fig. 3.9 Separação do leito - jigue Jeffrey
Fonte: McNally Pittsburgh (1977).

b] A Fig. 3.10 mostra a solução dada pelo jigue McNally: uma boia controla a altura do leito e aciona uma cortina de martelos, que sobem e descem, dando passagem às partículas pesadas. Os martelos, em lugar de um septo contínuo ou de uma cortina, são convenientes para dar passagem a partículas maiores ou menores eventualmente presentes no leito de pesados. A densidade de corte é controlada por um braço de alavanca que sustenta a boia.

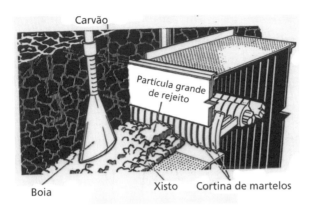

Fig. 3.10 Separação do leito - jigue McNally
Fonte: McNally Pittsburgh (1977).

c] A Fig. 3.11 mostra a solução dada pelo jigue Allmineral. A descarga é controlada por uma válvula solenoide, comandada por dois sensores de nível (máximo e mínimo). Quando o nível mínimo é atingido, a válvula fecha. O produto pesado então se acumula e o nível sobe dentro da caixa. Atingido o nível máximo, a válvula abre e descarrega o produto pesado. Note que a descarga é feita sobre uma peneira desaguadora, o que torna a instalação muito compacta e elimina os elevadores de canecas furadas.

d] O jigue Rose (*radar operated separation equipment*), desenvolvido pelo NCB inglês, usa um sistema de radar ou de ultrassom para detectar a altura da interface e controlar eletronicamente a descarga.

A obra-prima de projeto de jigues pneumáticos é o jigue Batac.

Em 1954, os japoneses redesenharam o jigue Baum para aumentar a área de jigagem

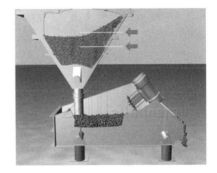

Fig. 3.11 Descarga do jigue Allmineral
Fonte: Allmineral (2012).

e, consequentemente, a sua capacidade, criando o jigue Takuba. Eles colocaram a caixa de vento sobre o jigue, de modo a economizar espaço. Isso modificou sensivelmente o percurso das linhas de corrente da água no movimento ascendente, dando-lhes maior uniformidade dentro do jigue. Nos modelos anteriores, com a largura do jigue aumentada, o movimento da água era desigual de um lado para outro.

Os alemães incorporaram essas melhorias e introduziram outras modificações para assegurar um melhor desempenho do jigue: válvulas de admissão e descarga de ar independentes e reprojetadas de modo a acertar o ciclo de jigagem conforme a vontade do operador, dispositivos de controle automático do leito e, para a jigagem de carvão fino, a introdução do leito de feldspato. Com isso, conseguiram obter separações boas até 100#, com boa qualidade do rejeito fino. Para carvão, trabalha-se com densidades de 1,45 a 2,0 g/mL.

Totalmente automatizado e programável, com válvulas independentes de admissão e descarga de ar, injeção de ar no meio da câmara e uma série de cuidados de projeto extremamente sofisticados, o jigue Batac tem uma precisão de corte comparável à dos sistemas de meio denso. Na antiga Indústrias Carboquímicas Catarinenses foi instalado um desses equipamentos. Com a desregulamentação do setor, no governo Collor, a companhia foi desativada e o equipamento, vendido como sucata – foi cortado com maçarico e vendido a preço de ferro-velho! Outro jigue opera na usina de Fábrica, da antiga Ferteco (hoje Vale), em Congonhas do Campo (MG).

Outros jigues notáveis são os jigues Yuba, Pan-American, Denver, o jigue trapezoidal ou Alvenius, e o jigue IHC-Cleveland, mostrados nas Figs. 3.12 a 3.16. Diferentemente dos anteriores, que separam grandes volumes tanto de leves quanto de pesados e são capazes de tirar um concentrado grosso no leito, estes são projetados para concentrar minerais de aluvião ou ouro. Trata-se de minérios pobres e finos, que produzem grandes tonelagens de rejeitos e pequenas quantidades de concentrado. Como este é fino, ele é sempre descarregado pelo fundo (não pelo leito, como os jigues de carvão). Portanto, os referidos jigues têm capacidade limitada de retirar pesados.

A influência da quantidade ou teor de pesados nesse tipo de minério pode ser ilustrada por um minério de cassiterita contendo outros minerais pesados, que foi processado em jigues Yuba. A alimentação do estágio *rougher* continha cerca de 0,3% de minerais pesados, com vazão de 16 a 22 t/h (10 a 12 m³/h). No último estágio de jigagem, a alimentação continha 80% a 85% de metais pesados, com a vazão caindo para apenas 1,5 t/h.

Fig. 3.12 Jigue Yuba

Fig. 3.13 Jigue Pan-American

Presente em todos os laboratórios de Tratamento de Minérios, o jigue Denver (Fig. 3.14) é o mais conhecido. Ele foi desenvolvido para permitir a lavra do ouro de rocha dura nas montanhas do Colorado (EUA). Para liberar o ouro, o minério precisava ser moído em moinho de bolas, o que era feito em circuito fechado com um classificador espiral. Como o ouro é muito pesado (densidade 19,6), ele ficava preso dentro do moinho ou do classificador. O jigue foi introduzido entre o moinho e o classificador. Assim que liberado, o ouro era separado, o rejeito ia para o classificador, o minério moído seguia adiante e o grosso retornava para o moinho.

O jigue Denver tem duas câmaras, e a movimentação da água é feita por diafragmas, um em cada câmara. Um balancim aciona alternadamente cada uma das câmaras e uma válvula rotativa, síncrona com o balancim, injeta água na câmara que está sendo succionada. É um equipamento para a concentração de minérios muito pobres e finos. Todo o concentrado sai pelo fundo, e a vazão de concentrado é muito pequena em relação à vazão de alimentação (razão de concentração muito elevada).

O jigue Yuba (Fig. 3.12) surgiu da necessidade de compactar o jigue Denver para operação embarcada em dragas que lavravam o fundo dos rios. O diafragma foi colocado na parede vertical do jigue, de modo a aumentar a área útil embarcada (o balancim funciona do lado de fora do barco). Adicionou-se uma terceira câmara, com operação independente do balancim, o que permite fazê-la trabalhar como um *scavenger*. É também um equipamento para a concentração de minérios muito pobres e finos. Todo o concentrado sai pelo fundo, a vazão de concentrado é muito pequena e, em razão da terceira câmara, com movimento independente, em princípio deve produzir um rejeito final totalmente exaurido. Trata-se, portanto, de um equipamento desenvolvido para rejeitar grandes quantidades de rejeito, sem preocupação maior com o teor do concentrado, que terá que ser repassado em outro jigue.

Vale destacar uma curiosidade: nos garimpos de Rondônia, jigues *homemade* utilizam meias câmaras de pneus de motos como diafragma.

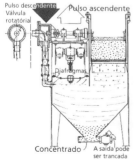

Fig. 3.14 Jigue Denver

O jigue trapezoidal (Fig. 3.15) foi desenvolvido para ser o primeiro *cleaner* de concentrados de cassiterita. Ele é diferente dos jigues descritos anteriormente, em que o movimento do pistão acarreta o movimento da água através do crivo. No jigue trapezoidal (e também nos jigues Remmer e Pan-American), não existe o pistão ou o diafragma, e a caixa do jigue move-se para cima e para baixo, acarretando o movimento da água através do crivo.

Nos jigues retangulares tipo Yuba, Pan-American ou mesmo o Denver, ocorre aumento do componente horizontal da velocidade de deslocamento dos sólidos da primeira para a segunda célula, devido ao acréscimo de água – a água *hutch* –, introduzida pelo fundo, em cada cuba. Esse acréscimo de velocidade pode

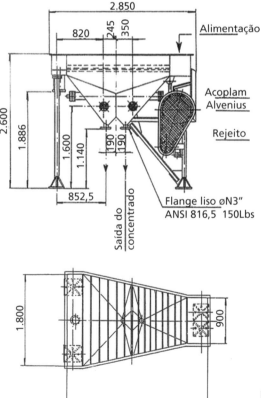

Fig. 3.15 Jigue trapezoidal
Fonte: Cimaq (s.n.t.).

ser tal que praticamente anula a componente vertical da velocidade de deslocamento das partículas, inviabilizando a passagem dos minerais pesados mais finos pela cama do jigue e através do crivo, ou seja, a sua recuperação no concentrado afundado. O jigue trapezoidal elimina esse efeito perverso de aumento da velocidade horizontal das partículas, possibilitando a recuperação de partículas mais finas dos minerais pesados.

A intenção de dar mais tempo para os minerais pesados serem recuperados levou à adoção da terceira célula nos jigues Yuba e Pan-American, ignorando, porém, o efeito negativo da componente horizontal da velocidade de deslocamento das partículas de minério. Como resultado, a terceira célula praticamente não acrescenta recuperação mensurável de minerais pesados, segundo ensaios feitos com minérios aluvionares de cassiterita. O problema foi contornado com a concepção do jigue trapezoidal. O fator positivo nesse equipamento não é somente mais espaço (a terceira célula do Yuba dá mais espaço para a jigagem, mas sem acarretar os efeitos desejados), mas a forma trapezoidal desse espaço, que permite que a polpa escoe com menor velocidade, como as águas de um rio cujo leito se abre de um cânion em um estuário.

O jigue trapezoidal tem como característica principal o fato de que a seção aumenta à medida que o minério vai ficando mais pobre (conforme são retirados os minerais pesados). Ou seja, à medida que o minério vai empobrecendo, existe cada vez mais espaço para ocorrer a jigagem, e o minério, cada vez mais pobre, move-se mais lentamente sobre o leito, tendo mais tempo para separar-se.

A ideia é tão boa que o engenheiro Cleveland buscou o aumento da capacidade do jigue trapezoidal, juntando vários deles em paralelo, numa configuração circular, com alimentação central única e descarga periférica única. É o jigue IHC-Cleveland (Fig. 3.16).

Os jigues trapezoidal e IHC são equipamentos para a concentração de minérios pobres e finos. Todo o concentrado sai pelo fundo e a vazão de concentrado é muito pequena em relação à vazão de alimentação (razão de concentração muito elevada). No

Fig. 3.16 Jigue IHC-Cleveland
Fonte: IHC (s.n.t.).

passado, tentou-se utilizar o jigue IHC para concentrar itabiritos, mas como ele não foi projetado para a capacidade necessária de retirada de concentrado de hematita, acaba aterrado.

O jigue Wemco-Remmer foi projetado para a separação de minério de ferro, mas tem sido utilizado para o beneficiamento de carvões em densidades mais elevadas que as usuais, até 2,4. Isso é importante quando se considera o beneficiamento de carvões de difícil lavabilidade como os brasileiros. Voltaremos a ele mais adiante.

3.2 Mecanismo de separação

O princípio de funcionamento do jigue é submeter o minério a pulsações ascendentes do meio de suspensão, sempre a água. Ele efetua a separação pela junção de dois mecanismos independentes, que trabalham conjuntamente.

O primeiro mecanismo é a *separação por acelerações diferenciadas*. Durante o semiciclo de injeção d'água, as partículas são lançadas para cima. As partículas leves aceleram-se muito e percorrem um trecho ascendente muito grande; as partículas pesadas sofrem pequena aceleração e, por isso, o trecho ascendente percorrido é pequeno. Cessa então o semiciclo ascendente e começa o outro semiciclo (que não é aspirante, como já vimos, e que podemos considerar, para efeito de raciocínio, como se a água estivesse estagnada). As partículas afundam pela ação do seu próprio peso. As leves afundam devagar e pouco (percorrem um percurso curto), ao passo que as pesadas afundam rapidamente e muito (percurso longo). A Fig. 3.17 mostra o que "aconteceria" após um pequeno número de ciclos (cinco): as partículas leves seriam lançadas para cima, e as pesadas, para baixo, bem distantes umas das outras.

Como os pulsos são curtos, as partículas não atingem a sua velocidade terminal. Por isso, o que regula a separação é a sua aceleração, tanto no trecho ascendente como no descendente. As acelerações dependerão da densidade de cada partícula, não do seu volume.

O uso de "aconteceria" justifica-se porque as partículas não estão isoladas, como no caso ideal descrito. Elas estão dentro de um leito e sofrem interferências mútuas. No semiciclo de injeção d'água, o leito se expande (Fig. 3.18) e todas as partículas são lançadas para cima. Numa certa extensão, ocorre o que foi descrito para o movimento ascendente das partículas. Já no semiciclo de sedimentação, o leito começa a se fechar, dificultando o movimento descendente e, por fim, fica totalmente fechado (Fig. 3.19). As partículas graúdas, sejam elas pesadas ou leves, não podem mais se mover.

Fig. 3.17 Aceleração diferenciada das partículas durante o ciclo de jigagem

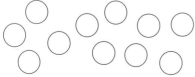

Fig. 3.18 Expansão do leito

Essa é a causa da seletividade do jigue: partículas graúdas de baixa densidade têm massa considerável e afundariam, não fosse a limitação de passagem imposta pelo leito fechado.

Por sua vez, *as partículas finas têm condições de continuar seu movimento descendente através dos vazios do leito*, o que constitui o segundo mecanismo de separação. Assim, elas continuam afundando. As partículas finas mais pesadas colocam-se adiantadas, isto é, mais para baixo que as finas mais leves, e afundam mais. Como as partículas de diferentes densidades percorrem distâncias diferentes durante o período de sedimentação, entrarão em repouso (leito fixo) em instantes diferentes. Em princípio, as partículas finas se assentarão sobre um leito de partículas grossas já assentadas, umas sobre as outras. As partículas grossas, nessa situação, são incapazes de se mover, mas as partículas finas conseguem transitar pelos interstícios do leito, ou seja, a sua movimentação descendente prossegue com o leito fechado, ao passo que as partículas maiores estão impedidas de se mover.

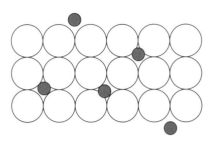

Fig. 3.19 Fechamento do leito

A Fig. 3.20 mostra o que acontece:
- inicialmente, todas as partículas estão misturadas;
- após o semiciclo de injeção, elas se arrumam como mostrado à esquerda da Fig. 3.20A: as partículas escuras são as de mineral pesado, e as partículas claras, as de mineral leve, igualmente ordenadas segundo os seus diâmetros (ou volumes, ou pesos). Note as partículas equitombantes (isto é, que sedimentam com a mesma velocidade) e a relação de seus diâmetros. Entre ambas as séries estão as partículas mistas, com um comportamento intermediário;
- fechado o leito, as partículas graúdas ficam imóveis, mas as miúdas continuam afundando através dos interstícios do leito. As pesadas começam mais de baixo e as leves, mais de cima. Assim, o nível a que elas chegam é diferenciado, como mostrado na Fig. 3.20B.

No leito estacionário, é impossível a penetração de partículas maiores que seus interstícios. Partículas grandes e leves submergem apenas parcialmente no leito. Se o mecanismo de arraste em direção à descarga de rejeito não for efetivo, ou se houver grande quantidade dessas partículas flutuando na superfície do leito, o desempenho do equipamento é prejudicado, daí a necessidade de um bom controle de tamanhos.

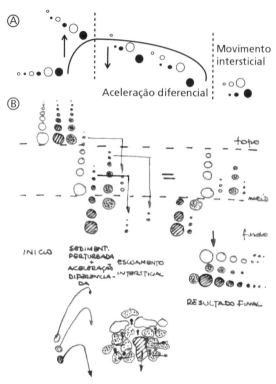

Fig. 3.20 Mecanismo de separação do jigue
Fonte: adaptado de Gaudin (1939).

Dessa forma, conforme as partículas avançam ao longo do jigue, vão se segregando em camadas de densidades diferentes e se estratificam, com as partículas de minerais leves por cima e as partículas de minerais pesados por baixo. Torna-se possível, então, tirar um produto leve na camada superior (partículas leves, grossas e finas) e um produto grosso pesado na camada inferior. As partículas finas e pesadas que atravessam o crivo são separadas como um produto pesado fino no fundo do jigue.

A maior partícula (diâmetro d) que pode passar através de um leito de esferas de diâmetro D é (Burt, 1984):

$$d = (2D^2)^{0,5} - D = 0,41D \qquad (3.1)$$

Como resultado, o arranjo final é o mostrado à direita da Fig. 3.20. Ocorre alguma superposição de partículas mistas, tanto com leves como com pesadas, mas as leves e as pesadas estão totalmente separadas. É importante ressaltar que as partículas leves e grosseiras, apesar de seu peso, não conseguem penetrar no leito quando este está fechado. Desse modo, o jigue é eficiente, independentemente do tamanho das partículas a separar. Essa característica é tão importante que Taggart (1960) define o jigue como sendo "um concentrador mecânico que efetua a separação de grãos pesados e leves utilizando as diferenças de capacidade de penetração num leito semiestacionário".

Em resumo, de acordo com esse modelo, enquanto o leito está se expandindo, a separação das partículas é controlada pela aceleração diferencial e pela sedimentação perturbada (*hindered settling*). Esses mecanismos põem as partículas pesadas e grossas embaixo, e as leves e finas, em cima. As outras (pesadas finas, leves grossas e grãos de *middlings*) ficarão no meio. Quando o leito se fecha, o mecanismo de escoamento intersticial passa a governar a separação: as partículas finas, pesadas e leves continuam a se mover, as primeiras com maior velocidade e partindo de um ponto abaixo daquele em que as leves se encontram, de modo que chegam rapidamente ao fundo e a estratificação é perfeita.

Dessa forma, conforme as partículas avançam ao longo do jigue, vão se segregando em camadas de densidades diferentes (crescentes do fundo para o topo) e se estratificam. Os minerais leves ficam por cima, e os pesados, por baixo.

É possível tirar um produto grosso e leve na camada superior e um produto grosso e pesado na camada inferior. As partículas pesadas e finas atravessam o crivo e são separadas como um produto pesado fino no fundo do jigue.

A Fig. 3.21 mostra o resultado de uma demonstração didática feita com a jigagem de esferas de aço inox (mais pesado) e de aço-carbono. Algumas esferas foram furadas para diminuir sua densidade.

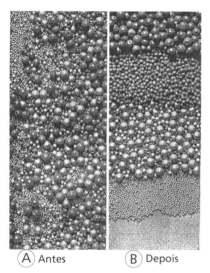

(A) Antes   (B) Depois

Fig. 3.21 Resultado da jigagem
Fonte: adaptado de Gaudin (1939).

3.3 Prática operacional

O ciclo de jigagem mais utilizado tem, então, um período de expansão do leito, um período estacionário com o leito expandido, um período de sedimentação e um período de fechamento do leito.

A expansão do leito é comandada pela pressão e pela vazão da água de leito. Se a pressão for muito baixa, o fluxo d'água atravessará o leito sem expandi-lo. Se a pressão for excessiva, todo o leito será levantado de maneira exagerada, sem provocar a separação.

Os períodos de tempo de cada etapa do ciclo precisam ser suficientemente longos para permitir que cada função seja adequadamente exercida:
- ♦ o tempo de expansão deve ser suficiente para permitir a movimentação diferenciada das partículas leves e pesadas;
- ♦ o tempo estacionário deve permitir que as partículas leves retornem ao leito;
- ♦ o tempo de fechamento do leito deve permitir que as partículas pesadas finas cheguem ao fundo do leito – geralmente, ele é maior que o tempo de expansão.

O leito, natural ou artificial, é muito importante para a separação de finos. Como regra geral, o tamanho das esferas ou partículas é de 80% do tamanho máximo alimentado.

A água é alimentada em duas parcelas: a primeira, com a alimentação, tem por função arrastar os sólidos sobre o crivo; a segunda é injetada no fundo da arca e vai construir o ciclo de jigagem. Excesso de água não é problema para a operação do jigue, embora possa vir a ser à medida que as operações se sucedem, pelo que é conveniente não exagerar. Quando o jigue tem mais que uma câmara, a primeira precisa receber maior vazão.

A maior parte da água sai com os leves. Os jigues Baum e derivados retiram os pesados pelo fundo, por meio de elevadores de canecas furadas para drenar a água. Os pesados saem, portanto, satisfatoriamente desaguados. Os jigues de finos retiram uma pequena quantidade de sólidos pelo fundo. Em muitos modelos, o concentrado é acumulado no fundo e descarregado a períodos. A quantidade de água que sai com eles também é pequena. Os jigues Allmineral descarregam os pesados sobre uma peneira desaguadora.

As variáveis operacionais do jigue são:

1 Regime da pulsação: pode-se operar o jigue com muita, pouca ou nenhuma sucção, o que é controlado pela admissão de água na câmara.
2 Amplitude: partículas mais grosseiras exigem maior amplitude para uma estratificação adequada.
3 Frequência: quanto mais fina for a alimentação, maior deverá ser a frequência. A relação entre a frequência (f) e a amplitude (a) da pulsação de um jigue é:

$$f \cdot a = 789{,}6 \,[D \cdot (\rho - 1)]^{1/2} \qquad (3.2)$$

onde ρ é a densidade real do minério e D é o diâmetro das partículas (em mm).

Para cassiterita ($\rho = 6{,}95$) e D = 1 mm, tem-se:

a (mm)	f (p/min)
7	275
12	160
15	128

4 Espessura do leito: quanto mais espesso for o leito, melhor será a separação, embora mais demorada. Para carvão grosseiro, 7" a 8", a espessura recomendada é entre 3 a 4 camadas.

5 Consumo de água: como regra geral, o consumo é de 7 a 8 USGPM/(t/h) de alimentação (sólidos secos), ou seja, cerca de 1,5 a 2,0 (m³/h)/(t/h). 30% dessa água vem com a alimentação e o restante é adicionado na arca. A vazão de água de fundo é, na prática, de 1,5 a 2,5 vezes a vazão de sólidos da alimentação.

Albrecht (1991) apresenta os consumos de água mostrados na Fig. 3.22, em função da quantidade de finos –¼", para carvão.

A concentração de sólidos na polpa alimentada deve estar entre 20% e 25% de sólidos em peso.

6 Leito: partículas duas vezes maiores que a abertura do crivo, que, por sua vez, é duas vezes maior que o tamanho das partículas.

7 Granulometria: como todos os métodos densitários, a jigagem é muito limitada em termos de processamento de finos. Além de perdas, essas partículas aumentam a viscosidade da polpa, prejudicando todo o processo. Aceita-se como limite inferior 150 μm e, para o carvão, 0,5 mm.

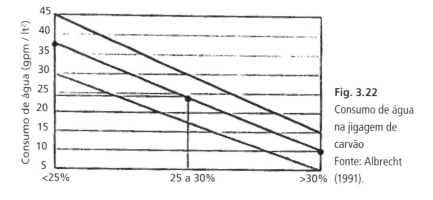

Fig. 3.22 Consumo de água na jigagem de carvão
Fonte: Albrecht (1991).

Gaudin (1939) registra que a classificação da alimentação permite o aumento da vazão de alimentação.

8   Pulso: nos jigues pneumáticos, a forma do pulso é definida pela vazão de ar admitida durante a fase de compressão e pela descarga controlada desse ar na fase de sedimentação (deixou de ser sucção). Assim, as válvulas de ar assumem importância cada vez maior.

Cada fabricante oferece sua solução, sempre engenhosa e confiável. Um modelo simples é o do jigue Link Belt, que consiste num cilindro acionado por um excêntrico (Fig. 3.23). Na posição inferior de seu curso, ele admite o ar da caixa de vento para a câmara de ar; na posição superior, os orifícios de admissão são vedados e abertos os orifícios para a descarga para a atmosfera.

A Fig. 3.24 mostra uma das soluções oferecidas pela McNally, a *impulse valve*, muito semelhante ao descrito para a válvula Link Belt. O jigue Batac (Fig. 3.25), por sua vez, dispõe de duas válvulas independentes, uma para admissão de ar e outra para a sua descarga. Elas operam de modo independente, o que permite regular à vontade a forma do ciclo de jigagem.

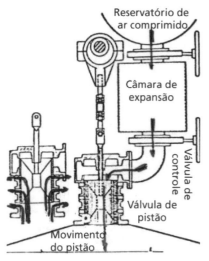

Fig. 3.23 Válvula Link Belt
Fonte: Leonard (1979).

3.3.1 Jigagem do carvão

O carvão é extensamente beneficiado em jigues. Embora existam muitas opções de equipamento, os mais usados são o Baum e o Batac, jigues especializados para grossos e finos, principalmente pela necessidade de criar um leito de jigagem adequado para o processamento dos finos.

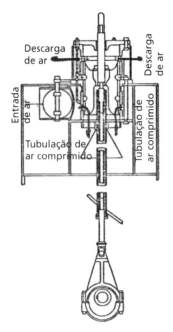

Fig. 3.24 Válvula McNally
Fonte: McNally Pittsburgh (1977).

A jigagem de carvão tem certas peculiaridades que não podem ser desprezadas:

1. o concentrado (carvão lavado) é leve e, nos carvões de boa qualidade, constitui o produto de maior vazão;
2. a faixa de tamanhos processada é vasta – de alguns micrômetros a várias polegadas;
3. o carvão tem peso específico muito baixo, de modo que as densidades de corte são muito mais baixas que nos jigues para outros minérios;
4. as partículas de carvão são naturalmente repelentes à água, o que as torna difíceis de molhar, especialmente as finas.

Extensa revisão bibliográfica tornou evidentes os seguintes pontos:

- para a jigagem de grossos, a literatura recomenda trabalhar sempre acima de 10 mm;
- os tamanhos máximos praticados são 6" e 8"; importantes autores, porém, recomendam não ultrapassar 4";
- jigues trabalham bem com carvão em qualquer densidade, de 1,45 até 2,5, mas trabalham melhor nas densidades mais elevadas. O manual da Dresser (s.n.t.) recomendava 1,5 a 2,0. Se examinarmos a Fig. 2.1, verificaremos que partículas de densidades superiores a 2,5 são praticamente isentas de matéria carbonosa se forem mistas de xisto e carvão ou, então, se as partículas de carvão forem intercrustadas de pirita. Assim, pouco sentido tem a operação em densidades superiores a 2,5;
- a presença dos finos (abaixo de 0,5 mm ou de 35# Tyler = 0,42 mm, segundo outros autores) é controversa. Em certos

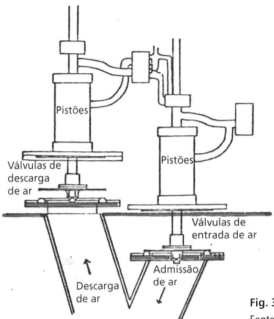

Fig. 3.25 Válvula Batac
Fonte: Humboldt-Wedag (s.n.t.).

casos, aparentemente, ela é totalmente nociva, ao passo que, em outras circunstâncias, pode ser benéfica por aumentar a viscosidade da polpa onde ocorre a jigagem. Assim, cada carvão deve ser ensaiado antes de uma decisão definitiva a respeito. Os finos, em princípio, são separados com eficiência pelo mecanismo de movimento intersticial, não havendo, pois, a necessidade de eliminá-los. Adicionalmente, formam uma suspensão homogênea que tem o efeito de levigar as partículas mais pesadas, facilitando a sua separação.

A Tab. 3.1 resume a prática da jigagem de carvões, conforme encontrado na literatura.

Os jigues para carvão fino usam um leito artificial de feldspato bitolado, que fornece as condições ótimas (em termos de densidade) para a separação entre carvão e xisto. O leito do jigue sobre o crivo é provido de taliscas para impedir que esse leito de feldspato seja descarregado.

Tab. 3.1 Jigagem dos carvões

	Grossos	Finos
Tamanho máximo	até 10"	10 mm
Tamanho mínimo	10 mm	0,5 mm (1 mm em algumas referências)
Imperfeição	0,15	0,15

O rejeito é descarregado pelo fundo do jigue e elevado mediante elevadores de canecas. As canecas são perfuradas, de modo a permitir que grande parte da água seja descarregada. O rejeito assim desaguado é alimentado a um transportador de correia e levado embora.

O carvão lavado é arrastado pela água, passa por cima da superfície de separação e precisa ter o excesso de água removido. Isso é feito, inicialmente, numa peneira fixa, inclinada. O *oversize* dessa peneira é descarregado sobre uma peneira vibratória horizontal que conclui o desaguamento. Em operações com carvão, o catálogo da Jeffrey indica a capacidade de 5 $(t/h)/ft^2$ para esse equipamento.

3.3.2 Jigagem do minério de ferro

O itabirito é um minério de ferro composto basicamente de hematita ($\rho = 5,2$) e quartzo ($\rho = 2,65$). O seu CC, conforme calculado no Cap. 1, é 2,5, o que indica um minério fácil de separar por métodos gravíticos. A prática operacional apresenta, porém, duas dificuldades:

- a quantidade de hematita é muito grande, o que não permite o uso dos jigues de minerais pesados (Denver, Yuba, Pan-American), projetados para retirar uma pequena vazão de afundado, pela arca;
- a hematita é um mineral muito coesivo e, quando o leito se fecha, pode ser difícil tornar a abri-lo.

O jigue Wemco-Remmer (Fig. 3.26) foi projetado para resolver esses problemas. Ele é de caixa móvel, como os jigues Alvenius e Pan-American, o que significa que não há pistão ou diafragma para empurrar a água e fazer a jigagem: a caixa move-se num movimento harmônico que empurra a água para cima, através do crivo. O toque de gênio do engenheiro Remmer foi combinar dois movimentos harmônicos: o primeiro, de amplitude elevada e frequência baixa, é responsável pela jigagem; o segundo, de pequena amplitude e frequência elevada, impede que o leito se feche, isto é, ele o mantém em permanente agitação, mas não em condições de jigagem (que é feita pelo outro movimento). Isso é feito por meio de um balancim acionado por dois eixos excêntricos, como mostra a Fig. 3.26.

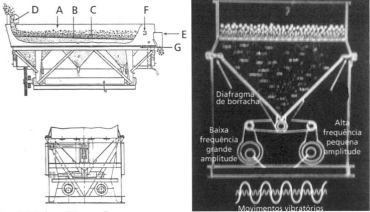

Fig. 3.26 Jigue Wemco-Remmer
Fonte: McKee (1962)

Outra característica importante do jigue Wemco-Remmer é que ele produz concentrados tanto de leito como de fundo, o que o torna capaz de tratar minérios finos, grossos ou de ampla faixa granulométrica.

Para uma operação tranquila, é importante manter constante a espessura do leito de rejeitos e *middlings*, e isso é feito por meio da recirculação dos *middlings*.

Por sua elevada capacidade de produção e por produzir concentrado de leito, o jigue Wemco-Remmer também é extensamente utilizado no beneficiamento de carvão. É importante ressaltar, porém, que outros jigues foram adaptados para o beneficiamento de itabiritos e operaram com bons resultados: a CVRD, em Piçarrão, Nova Era (MG), tinha um jigue Baum, e a Ferteco, em Congonhas do Campo (MG), tem um jigue Batac. Ambos tiveram de ser modificados para retirar maior tonelagem pelo fundo (a hematita é mais pesada que o xisto), reforçando o sistema de transporte de afundado e os elevadores de canecas furadas para elevá-lo. O fato de trabalharem com minerais abrasivos também exigiu modificações de projeto.

McKee (1962) recomenda inclinações de 1"/ft (4°46') para o jigue 5×16 e de 7/8"/ft (4°10') para o jigue 5×11 ft. O aumento da inclinação aumenta a capacidade, especialmente a quantidade de produto leve produzida; frequentemente, porém, acarreta perda de pesados finos.

A pressão recomendada por McKee (1962) para a água de fundo é de 20 a 25 psi, e o consumo desta varia de 50 a 150 GPM nas células 1 a 3, e é de 50 GPM ou mais na célula 4. É necessário água adicional para ajudar a descarga dos leves. O balanço de águas deve prever a adição total de 400 a 500 GPM no jigue – a diferença entre os valores anteriores e estes é adicionada pela alimentação.

Para leitos artificiais de esferas de aço, a recomendação é dada pela Tab. 3.2, que corresponde a leitos com 2 a 2,5 camadas de bolas. Ao variar-se o diâmetro ou combinar-se bolas de diâmetros diferentes, obtêm-se leitos mais abertos ou mais fechados. Trata-se de uma variável operacional interessante quando o produto desejado é o concentrado de fundo.

3.3.3 Jigagem da cassiterita

Historicamente, o estanho definiu uma era. A Idade do Bronze tem seu nome derivado da técnica metalúrgica de ligar cobre e estanho e obter o bronze, mais duro e capaz de ser utilizado na fabricação de espadas e escudos. Os fenícios construíram, a partir do monopólio desse metal, o primeiro império tecnológico da História. Eles dominavam a passagem do Canal de Gibraltar e o acesso marítimo à Inglaterra, onde estavam

Tab. 3.2 Leito de esferas de aço para o jigue Wemco-Remmer (peso em lb)

	Diâmetros			
	3/8"	1/2"	5/8"	Total
Minérios	2.000	500	-	2.500
Areia	1.000	1.500	-	2.500
Pedrisco	500	2.000	-	2.500
Cascalho	-	-	3.000	3.000
Agregado não bitolado	-	1.000	2.000	3.000

as minas. O nome antigo da Grã-Bretanha era Ilhas Cassitérides, numa alusão inequívoca a essa riqueza. Quem quisesse burlar esse bloqueio tinha que atravessar a França por terra, enfrentar tribos de gauleses selvagens (Asterix e companhia!), atravessar o Canal da Mancha e chegar às minas. Empreitada difícil e perigosa.

Hoje, além de elemento de liga dos bronzes, o estanho é matéria-prima para soldas e para a fabricação da folha de flandres (chapa de aço revestida de estanho, usada na embalagem de alimentos) e dos objetos artísticos de *pewter* (liga com teor de Sn superior a 98% e adições de cobre e antimônio).

O beneficiamento de cassiterita é tradicionalmente feito em jigues, em duas etapas: nas frentes de lavra, há as usinas de pré-concentração móveis, que acompanham a lavra e produzem um pré-concentrado que é transportado para uma usina de beneficiamento ou concentração final, fixa. As pré-concentradoras geram a maior parte do rejeito, que é depositado em áreas já lavradas.

Existem dois tipos de pré-concentradoras móveis: as unidades montadas em esquis metálicos, com menor capacidade de processamento (20 a 40 m³/hora de minério), alimentadas com minérios lavrados por desmonte hidráulico; e as pré-concentradoras flutuantes (originalmente denominadas *washing plants*).

As pré-concentradoras flutuantes são montadas em pontões metálicos que garantem a flutuação das instalações. Elas podem ser alimentadas por retroescavadeiras que flutuam em pontões ou boias independentes da pré-concentradora, ou por dragas de alcatruzes e do tipo roda de caçambas (*bucket wheel*). A capacidade de processamento dessas plantas varia numa larga faixa, indo de 60 m³/h até 400 m³/h, ou mais. A maior pré-concentradora da Paranapanema, alimentada por uma draga de roda de caçambas, tinha capacidade para processar 400 m³/h de minério aluvionar.

O teor do pré-concentrado é função de uma série de fatores, mas normalmente ficava entre 20% e 30% de estanho. Esses fatores incluem: a segurança da operação nas frentes de lavra, o teor do minério alimentado, a granulometria da cassiterita e dos minerais acessórios e a mineralogia do minério. Na mina do Pitinga (AM), por exemplo, com uma complexa mineralogia composta de vários minerais pesados, como zirconita (o mineral mais grosseiro), cassiterita, columbita-tantalita, pirocloro e xenotima, o teor de estanho no pré-concentrado do minério aluvionar era mantido deliberadamente em faixas baixas para garantir máxima recuperação de estanho na frente de lavra. A exceção, nessa mina, foram as frentes de lavra dos igarapés a leste do distrito estanífero, que, apesar de apresentarem a mesma mineralogia, tinham a cassiterita mais grosseira – todos os demais minerais pesados ficavam predominantemente abaixo de 65#. Essas frentes produziam pré-concentrados mais ricos, com 40%-50% de Sn, recuperações superiores a 90% e os jigues regulados com amplitude e frequência adequadas para essa granulometria mais grosseira. A recuperação nas frentes de lavra em que o mineral predominante era a zirconita, mais grosseira que a cassiterita, oscilava entre 80% e 85% nas plantas flutuantes e entre 87% e 90% nas plantas móveis.

O fluxograma das pré-concentradoras tipicamente começava com uma peneira rotativa para rejeitar de imediato os fragmentos grosseiros, as raízes e os pedaços de madeira no retido na tela. Seguem-se três estágios sucessivos de jigagem: primária (ou rougher), secundária (ou *cleaner*) e terciária (ou *recleaner*). No caso das operações da Paranapanema com minérios aluvionares, eram utilizados jigues do tipo Yuba nas jigagens primárias e secundárias. Para a jigagem terciária, jigues tipo Denver (*mineral jigs*). Os jigues tipo Pan-American foram substituídos pelos jigues Yuba ainda no início do *boom* da lavra aluvionar no distrito estanífero de Rondônia, para reduzir a altura das instalações. Jigues trapezoidais também são comuns no estágio da jigagem secundária, como na pré-concentradora nº 21 da mina do Pitinga.

De qualquer forma, a razão de concentração (RC) na pré-concentração é sempre bastante elevada. Tome-se como exemplo um minério aluvionar típico do distrito estanífero de Rondônia, com teor de 0,07% de Sn e pré-concentrado com 30% de Sn. Isso representa uma RC = 30/0,07 = 429.

As usinas concentradoras finais para a cassiterita, também chamadas de *tin shedd*, têm fluxogramas diversos e podem conter jigues com regulagens para o estágio *recleaner*, mesas vibratórias, separadores de magnetos permanentes, separadores eletromagnéticos e separadores eletrostáticos. As concentradoras finais mais simples podem restringir-se ao estágio de jigagem, como nos minérios aluvionares mais grosseiros de algumas minas do distrito estanífero de Rondônia (Massangana, por exemplo). Um estágio de separação magnética pode ser acrescentado para a recuperação de columbita-tantalita ou a rejeição de minerais de ferro. Nas aluviões do Pitinga, caso mais extremo de complexidade mineralógica no Brasil, o fluxograma da concentradora final do pré-concentrado aluvionar incluía jigagem *cleaner*, dois estágios de mesagem e, finalmente, após secagem em secadores rotativos, separações eletrostáticas e eletromagnéticas para garantir maior recuperação de estanho. Mesmo assim, os rejeitos da concentradora final do Pitinga acumulados na bacia de rejeitos foram retomados, moídos para a liberação da cassiterita e reconcentrados, recuperando-se adicionalmente um concentrado de minerais de nióbio e tântalo para a produção da liga FeNbTa.

A jigagem nas plantas móveis da Mineração Oriente Novo (Grupo Brumadinho) era feita em três estágios, como mostra a Fig. 3.27. O primeiro estágio, feito em jigue Yuba, tinha por função rejeitar a maior quantidade de rejeitos possível. Esse rejeito era final. O concentrado desse jigue era repassado num jigue trapezoidal, cujo rejeito retornava à alimentação do Yuba e o seu concentrado era repassado num jigue Denver. O concentrado do jigue Denver era o concentrado final e o seu rejeito retornava ao jigue trapezoidal.

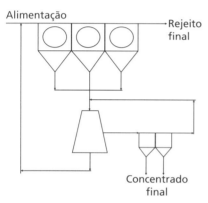

Fig. 3.27 Circuito de pré-concentração de cassiterita

Nos anos 1980, a Mineração Oriente Novo produzia um concentrado primário com 30% de estanho contido. Era possível produzir concentrados mais ricos, mas a insegurança das operações em Rondônia e o risco de produzir um concentrado mais rico que aguçasse a cobiça dos ladrões definiram este teor.

A recuperação do estanho (cassiterita) na jigagem, como em todo processo gravítico, é fortemente afetada pela granulometria do minério. A Fig. 3.28 mostra que, abaixo de 65#, ela começa a cair, e tende a zero abaixo de 150#.

3.3.4 Jigagem de ouro

O ouro é, entre os metais, o que mais excita a imaginação humana. Isso decorre de sua aparência (amarelo e brilhante), de sua baixa reatividade química (não é afetado pelos produtos químicos usuais, o que lhe confere perpetuidade) e de sua relativa raridade (o que o torna precioso). Com efeito, pode-se dizer que é o único produto que vem sendo sucessivamente acumulado pela humanidade desde o início da História.

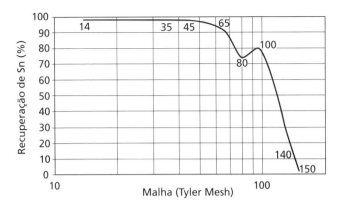

Fig. 3.28 Recuperação do estanho na jigagem, conforme a faixa granulométrica

Tecnicamente, o ouro tem sua importância pelas seguintes razões:

- ◆ padrão de reserva monetária: pela sua perpetuidade, serve como padrão de valor. Em termos de reserva, é a única substância assim considerada, razão pela qual confere estabilidade econômica aos países em que é abundante, como foi o caso da África do Sul durante os anos de isolamento político e boicote econômico por causa do *apartheid*;
- ◆ condutividade elétrica: dada a sua inalterabilidade química, é amplamente utilizado em contatos elétricos e eletrônicos de responsabilidade;
- ◆ maleabilidade e fácil conformação: essas características, somadas à bela aparência e à estabilidade química, tornam-no ideal para a joalheria.

No caso brasileiro, o ouro foi o responsável pela nossa expansão territorial e pela definição das nossas fronteiras. Os bandeirantes, prospectores extremamente competentes, buscaram apenas os terrenos cuja geologia fosse favorável à gênese de ouro e pedras preciosas. Os ambientes sedimentares, exceção feita aos aluviões auríferos e diamantíferos, foram solenemente ignorados. Por isso, o mapa metalogenético da América Latina mostra tão grande semelhança com o mapa político do Brasil.

Em especial, o Estado de Minas Gerais, como registrado no seu próprio nome, teve origem nessa busca por ouro. Entretanto, este é abundante também em Goiás, Mato Grosso, Mato Grosso do Sul, Bahia, Pará e Amapá. Infelizmente, muitos depósitos, especialmente os superficiais, foram muito degradados pela lavra garimpeira ou pela lavra predatória travestida de garimpo. Aliás, o risco de uma invasão garimpeira e a necessidade de um forte esquema de segurança são pontos a serem considerados desde o início em qualquer projeto de exploração aurífera.

O Brasil é um importante produtor de ouro, como atestam as estatísticas do Departamento Nacional de Produção Mineral (DNPM) – cerca de 50 t/a, embora nesse setor as estatísticas oficiais sejam muito pouco confiáveis.

Em princípio, separar ouro dos minerais de ganga é muito fácil, em razão da sua elevada densidade. Veja o exemplo de critério de concentração no início do Cap. 1. Na prática, a operação pode ficar complicada, devido à associação do metal com outros minerais ou ao fato de as partículas de ouro ficarem engorduradas ou terem o formato de lamínulas, o que faz com que flutuem e se percam com o rejeito ("ouro voador").

A concentração do ouro tem como características:

1. Teores muito baixos: com 21 g/t no minério em rocha, as faíscas são visíveis a olho nu.
2. Razões de concentração muito elevadas: dados os teores muito baixos, a relação massa alimentada/massa de concentrado é muito grande. Para o teor de 21 g/t, por exemplo, se recuperarmos todos os 21 g, teremos uma relação de concentração de:

$$RC = \frac{\text{massa da alimentação}}{\text{massa do concentrado}} = \frac{1.000.000}{21} = 47.619$$

Evidentemente, essa relação não pode ser obtida numa única operação. Porém, cada uma delas precisará ter sua RC elevada.

3   Ganância do minerador: essa fraqueza humana faz com que muitas vezes se busque o lucro rápido, por meio de teores elevados no concentrado, em vez da boa recuperação do metal. Isso é típico da atividade garimpeira, o que gera perdas muito grandes no rejeito. *Grosso modo*, pode-se afirmar que o garimpo, como é praticado no Brasil, recupera apenas 40% do ouro contido, no máximo 50%, o restante é encaminhado aos rejeitos. Registre-se que, nos garimpos de cassiterita, as perdas são da mesma ordem de grandeza, e para as frações menores que 48#, as perdas são totais.

Essa mesma ganância leva à busca da operação mais fácil e mais rápida. Em termos de apuração em bateia, leva ao uso indiscriminado de mercúrio. É comum a prática de colocar mercúrio no fundo da bateia para capturar qualquer partícula de ouro que passe por ali. O botão de amálgama é então espremido para tirar o excesso de mercúrio e queimado no maçarico. O mercúrio volatiliza-se e o ouro fica na forma de uma esponja que será posteriormente fundida. Esse vapor penetra nas vias respiratórias, cai nos cursos d'água, deposita-se sobre as plantas próximas, entrando na cadeia alimentar do próprio garimpeiro e de sua família. Os peixes e os animais que deles se alimentam são igualmente contaminados.

4   O ouro a ser concentrado é, em princípio, fino. Pepitas são catadas, não precisam ser concentradas. Assim, todo o concentrado de jigues é concentrado de fundo. Mesas e espirais são muito efetivas, e a concentração centrífuga torna-se cada vez mais importante à medida que os depósitos de rejeito são reprocessados.

5   Falta de segurança para as pessoas e instalações: a operação de lavra de aluvião aurífero em Novo Planeta, norte de Mato Grosso, pelo Grupo Paranapanema, teve de ser abandonada depois de sucessivas invasões garimpeiras. Toda a estrutura foi perdida – oficina de manutenção, escritó-

rios, alojamentos, almoxarifados, restaurante e ambulatório. Na mina Pela Ema, no atual Estado de Tocantins, a Mineração Oriente Novo teve sua lavra subterrânea de estanho (a primeira no Brasil) invadida por garimpeiros, que lavraram os pilares da mina e derrubaram o forro.

Trindade (2002) é a obra recomendada a todos aqueles que têm especial interesse nesse metal.

A Fig. 3.29 mostra uma unidade modular fabricada por uma empresa australiana. O circuito consiste na britagem da rocha, quando rocha dura, e no circuito de concentração mostrado na figura.

Fig. 3.29 Usina modular para ouro
Fonte: <www.gekkos.com>.

O minério fino ou moído é alimentado a seis jigues primários, o seu concentrado é repassado em dois jigues secundários e o concentrado destes é repassado em um jigue *cleaner*. O rejeito sofre uma operação *scavenger* em separador Falcon. A redução de massa é evidenciada tanto pelo tamanho como pelo número de equipamentos em cada etapa.

Os jigues utilizados nessa usina modular são os *in line pressure jigs*, equipamentos totalmente enclausurados, em que o efeito da tensão superficial da água seria minimizado.

3.3.5 Beneficiamento de wolframita e scheelita

O tungstênio tem propriedades únicas, em decorrência do seu comportamento em altas temperaturas e da sua densidade especialmente elevada. Seu uso mais importante é na fabricação de vídia, carbeto de tungstênio, mas também é usado na fabricação dos filamentos de lâmpadas incandescentes, tubos de raios X, catalisadores e como elemento de liga em aços.

Existem muitos minerais portadores de tungstênio, mas apenas dois têm importância como minérios:

- wolframita: $(Fe,Mn)WO_4$, 60,6% de metal contido, dureza Mohs 5,0-5,5, densidade 7,2-7,5;
- scheelita: $CaWO_4$, 63,9% de metal contido, dureza Mohs 4,5-5,0, densidade 5,9-6,1.

Como são minerais de alta densidade, a separação densitária é a escolha mais imediata do processo de beneficiamento. A baixa dureza (na faixa da dureza da apatita e do ortoclásio) sinaliza que se trata de minerais muito brandos, cuja tendência é gerar grandes quantidades de finos durante as operações de redução de tamanho (britagem e moagem). Isso é um problema muito sério, tanto para o beneficiamento em geral como – e especialmente – para o beneficiamento gravítico. A presença de finos aumenta a viscosidade da polpa, prejudicando a separação das partículas mais grossas. Já as partículas finas, como têm massa muito pequena, não se separam nesses processos, demandando separação por flotação.

Portanto, todo o cuidado deve ser dado ao projeto do circuito de cominuição. Este deve incluir um maior número de estágios que o habitual, relações de redução pequenas e – o que é muito importante – todo o material liberado deve ser removido imediatamente. As perdas de processo ocorrerão principalmente nas lamas.

Dessa forma, o circuito de cominuição deve incluir jigues para retirar o minério liberado durante a britagem e mesas vibratórias ou espirais concentradoras para retirar o minério liberado na moagem.

A Fig. 3.30 mostra um circuito típico, no qual são adotados britadores de rolos a partir do segundo estágio, porque eles geram menor quantidade de finos que os demais britadores. As espirais concentradoras podem ser substituídas por mesas vibratórias, dependendo da capacidade do circuito, e o mesmo acontece com os ciclones, que podem ser substituídos por classificadores espirais.

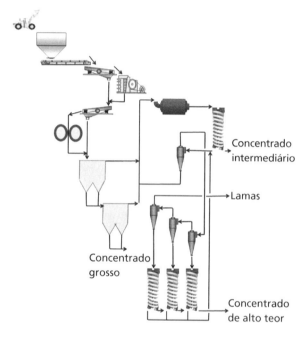

Fig. 3.30 Circuito típico para minérios de tungstênio

Eventualmente, dependendo da presença de minerais magnéticos na assembleia mineralógica do minério, poderá ser conveniente fazer separação magnética dos concentrados.

Da mesma forma, é relativamente frequente o uso de células de flotação para recuperar valores presentes nas lamas. O coletor típico é um ácido graxo saponificado, e usa-se silicato de sódio como dispersante.

Recapitulemos o que foi colocado sobre o beneficiamento dos minérios de tungstênio:

1. Os minerais de minério são minerais pesados, para os quais o beneficiamento gravítico (jigues, mesas, espirais e concentradores centrífugos) é a técnica mais adequada.
2. Trata-se de minerais brandos, geradores de grande quantidade de finos durante a britagem e a moagem. Recomendam-se múltiplos estágios de britagem e moagem, relações de redução pequenas e operações de separação gravítica imediatamente após cada estágio de cominuição, para retirar o minério liberado e evitar sua sobrecominuição e as perdas decorrentes.

Isto posto, o estudo mineralógico para o desenvolvimento do processo de beneficiamento não tem o procedimento habitual, corriqueiro para os demais minérios. É necessário trabalhar passo a passo, britando e moendo cuidadosamente, e caracterizando o produto de cada estágio.

3.3.6 Beneficiamento de itabiritos

A operação de jigagem do *sinter feed* no Cauê, usina da Vale em Itabira (MG), foi muito bem-sucedida, razão pela qual é registrada. Tratava-se de jigues Wemco-Remmer, de 1,52×4,88 m, inclinados de 6°21', retirando concentrado de fundo e concentrado de leito (mediante comporta regulável).

O leito artificial foi construído com esferas de aço de 15 mm de diâmetro. Sua espessura era de 40 mm, o que corresponde a 2,5 camadas de esferas. O crivo tinha aberturas oblongas de 5/16×1".

O leito de minério tinha 80 mm de altura. A vazão alimentada era de 45 t/h de minério, e o consumo de água, de 100 m^3/h. A Tab. 3.3 mostra as características da alimentação e dos produtos, e o respectivo balanço.

3.3.7 Dimensionamento de jigues

O parâmetro de dimensionamento é a capacidade unitária, ou seja, (t/h)/m^2. Ele precisa ser medido experimentalmente em jigue industrial. Com jigues de laboratório é difícil estabelecer

Tab. 3.3 Desempenho do jigue (%) no beneficiamento de itabiritos

# (mm)	6,3	4,0	2,0	1,0	0,5	0,25	0,15	0,10	0,075	Fundo	Balanço (%)	% Fe	Distr. Fe
Alimentação	8,2	16,1	25,9	27,9	10,4	2,1	1,6	1,6	1,6	4,6	100,0	61,0	100,0
Conc. gr.	8,7	22,9	34,1	25,1	5,6	0,4	0,4	0,5	0,6	1,7	70,0	65,0	74,6
Rej. gr.	5,9	18,8	37,0	31,6	4,7	0,3	0,2	0,3	0,3	0,8	8,5	35,1	4,9
Conc. fino	–	0,2	0,7	6,7	20,3	11,0	10,5	11,7	12,3	26,6	20,0	60,0	19,7
Rej. fino	–	–	–	14,0	28,6	11,6	7,1	5,4	5,7	28,0	1,5	35,0	0,8

um fator de escala para o dimensionamento, mas com jigues industriais a extrapolação é direta.

Para carvão, Albrecht (1991) fornece a Tab. 3.4, válida para um pré-dimensionamento. Essa capacidade é função da quantidade de finos (–1/4") presentes na alimentação.

Os valores da Tab. 3.4 são representados na Fig. 3.31, que mostra que a capacidade cai significativamente com o aumento dos finos.

Tab. 3.4 Capacidades unitárias de jigagem para carvão

% -6,35 mm	(t/h)/m²
<25	4 a 5
24 a 30	3 a 4
>30	2 a 3
>30	1 a 1,5 de -6,35 mm

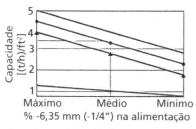

Fig. 3.31 Capacidades unitárias na jigagem de carvão

Outro fator importante é a capacidade do jigue em remover os produtos. Como enfatizamos bastante, existem jigues para grandes relações de concentração, em que a quantidade de pesados é muito pequena em relação à alimentação, e jigues de baixa relação de concentração, em que a quantidade de material a retirar pelo fundo é muito grande. Isso não pode ser esquecido nem na hora de escolher o modelo, nem na hora de especificar o equipamento.

Ainda com relação a carvões, a remoção do rejeito (afundado) é feita por elevadores de canecas furadas, e a capacidade desses elevadores precisa ser conferida.

Os jigues para minerais pesados, usualmente minérios de baixo teor, têm capacidade de processamento maior: os jigues primários (*rougher*) são dimensionados para capacidades entre 10 e 15 (m³/h)/m², ou cerca de 15 a 25 (t/h)/m². A capacidade dos jigues *cleaner* cai significativamente: os jigues secundários são dimensionados para 7,5 a 10 (t/h)/m².

Para minérios mais complexos (vários minerais pesados), a prática recomenda dimensionar os jigues para os valores mínimos. No caso extremo dos minérios aluvionares da mina do Pitinga, considerou-se apenas a primeira célula de cada jigue. Uma pré-concentradora embarcada alimentada com 200 m³/h precisaria de 20 jigues primários tipo Yuba ou Pan-American. Eles seriam arranjados em duas fileiras de dez jigues cada uma, simetricamente, de cada lado da embarcação, para assegurar a sua estabilidade.

As informações são escassas na literatura, razão pela qual muitos fabricantes preferem fazer ensaios com amostras do minério para garantir a capacidade do equipamento que fornecerão. A IHC (s.n.t.) fornece informações sobre seus jigues, que reproduzimos na Tab. 3.5, registrando que o tamanho máximo da alimentação é 1" e que a capacidade varia com a densidade do material alimentado.

Tab. 3.5 CAPACIDADE DOS JIGUES IHC

	Formato								
	Retangular			Trapezoidal		Circular			
Designação	RH-2	RH-3	RH-4	minimod	mod	8	12	18	25
Células	2	3	4	1	1	1	3	6	12
Potência (kW)	2	3	3	1,5	2	2	4	5,5	7,5
Capacidade (m³/h)	6-15	10-20	15-23	6-15	15-23	15-30	30-75	75-100	150-300

Referências bibliográficas

AGRICOLA, G. *De re metallica*. New York: Dover Publ., 1950.

ALBRECHT, M. C. Sizing and selecting jigs. *Coal*, p. 53-55, Dec. 1991.

ALLMINERAL. *Princípios de jigagem pneumática*. Folheto obtido na internet. Disponível em: <www.allmineral.com>. Acesso em: 10 jul. 2012.

BURT, R. O. *Gravity concentration technology*. Amsterdam: Elsevier, 1984.

CIMAQ S.A. INDÚSTRIA E COMÉRCIO. *Catálogo de jigues*. [s.n.t.].

GAUDIN, A. M. *Principles of mineral dressing*. New York: McGraw-Hill, 1939.

HUMBOLDT-WEDAG. Batac jigs. *Catálogos 4-201 e 4-202*. [s.n.t.].

DRESSER INDUSTRIES. Coal jigs. *Catalog 1149-2*. [s.n.t.].

IHC. *IHC mineral jig* - striking example of innovation. Xerox. [s.n.t.].

LEONARD, J. W. (Ed.). *Coal preparation*. 4. ed. New York: AIME, 1979.

M-A-N UNTERNEHMENSBERICH GHH STERKRAD. Preparation system for mineral raw materials. *Catálogo*. [s.n.t.].

MCKEE, A. G. *Wemco Data Sheet J2-D2*, Sacramento, fev. 1962.

MCNALLY PITTSBURGH. Coal preparation manual. *Catálogo M576*, 1977.

TAGGART, A. F. *Handbook of mineral dressing*. New York: J. Willey & Sons, 1960. section 11. p. 11-04.

TRINDADE, R. B. E.; BARBOSA FILHO, O. (Ed.). *Extração de ouro*: princípios, tecnologia e meio ambiente. Rio de Janeiro: Cetem/MCT, 2002.

Separação em meio denso 4

A separação em meio denso é o método gravítico de princípio mais simples e de maior precisão de corte, razão pela qual é muito utilizado. No Brasil, foi utilizado nos lavadores de carvão de Capivari, em Tubarão (SC), e da Copelmi, em Charqueadas (RS); na extinta Icomi, em Serra do Navio (AP) (manganês), além de outras usinas de beneficiamento de manganês, de fluorita e de diamantes.

O princípio é utilizar um líquido de densidade conhecida e controlada, intermediária com relação à densidade dos minerais que se deseja separar. O mineral mais leve flutua e o mais pesado afunda; com isso, consegue-se obter duas frações ou produtos denominados:

a) leves ou flutuado (*floats*), mais leves (de densidade ou, mais precisamente, de peso específico menor) que o líquido de separação; e

b) pesados ou afundado (*sunk*), mais pesados (de peso específico maior) que o líquido de separação.

Em geral, a faixa de granulometria para a qual o processo pode ser aplicado situa-se entre 300 e 0,5 mm, dependendo do equipamento de separação utilizado.

O meio de separação utilizado pode ser agrupado em quatro tipos diferentes:

a) líquidos orgânicos densos (apenas em laboratório);
b) soluções salinas;
c) suspensoides;
d) meios densos autógenos.

Os líquidos orgânicos são utilizados exclusivamente em laboratório e já foram examinados no Cap. 2. Eles não podem ser utilizados industrialmente por serem tóxicos e terem baixa pressão de vapor. Se não fossem corrosivos, até poderiam sê-lo, mas o risco de que a corrosão abra vias de passagem para fora dos equipamentos é muito grande. Ademais, todos eles são caros.

Os equipamentos podem ser divididos em dois grupos: os que utilizam o campo centrífugo para fazer a separação e os chamados "estáticos", em que ela é feita no campo gravitacional.

O Quadro 4.1 retoma o tema dos materiais utilizados como meio denso e compara os líquidos orgânicos com as soluções salinas e os suspensoides.

4.1 Separação por soluções salinas

Sais dissolvidos em água e salmoura, como cloreto de cálcio, cloreto de estanho (extensamente utilizado em laboratório de caracterização de carvões) ou cloreto de zinco, podem ser utilizados como líquidos densos em separações de carvão e outros minerais. Nos Estados Unidos, o processo Belknap foi utilizado na separação de carvões, numa densidade de corte de 1,4 a 1,6 t/m^3. A diferença entre a densidade de corte e a densidade real da solução (1,14 a 1,25 t/m^3) é obtida como resultado da recirculação controlada do meio aliada a correntes ascendentes provocadas dentro do equipamento. Nenhum cuidado especial é tomado para remover completamente o cloreto de cálcio do carvão, porque a sua presença na superfície do carvão é vantajosa (em países frios): diminui a quantidade de poeira e não permite o congelamento do carvão. Este é lavado com água limpa e a solução resultante, contendo sólidos suspensos, retorna ao lavador, onde é usada para repor a quantidade de sal necessária para manter a densidade da solução.

O lavador Belknap é projetado para manusear a faixa granulométrica entre 1/4" e 8" (6,3 a 200 mm).

Quadro 4.1 Líquidos usados para a obtenção do meio denso

Produto	Características		Exemplos	
	Vantagens	Desvantagens	Produto	Densidade[*]
Líquidos orgânicos	Secam rapidamente; não têm efeito sobre as propriedades do carvão; são líquidos homogêneos; pela diluição com solventes adequados, cobrem um amplo intervalo de densidades	Altamente tóxicos; apresentam odor desagradável; o ensaio requer um sistema de extração de vapores, além de proteção respiratória para o operador; são caros	Gasolina comum (solvente)	0,85 - 0,95
			Percloroetileno	1,6
			Bromofórmio	2,8
			Di-iodometano	3,31
Solução de sais inorgânicos	Mais barata que os líquidos orgânicos; formam soluções homogêneas de baixa toxicidade e mais fácil manipulação	Prejudicial ao contato com a pele; pode alterar as propriedades do carvão por seu efeito desengordurante; pode ocorrer lixiviação de alguns dos componentes do carvão; deve-se ter cuidado com a viscosidade da solução	Cloreto de zinco	1,9
			Cloreto de sódio	1,2
			Cloreto de césio	1,8
			Brometo de zinco	2,3
Suspensão de sólidos de alta densidade	Amplamente utilizada na indústria; é barata e, excepcionalmente, usada no laboratório para partículas maiores que 10 mm	Trata-se de partículas sólidas finas suspensas em água; portanto, a suspensão requer agitação constante para sua estabilidade	Ferrossilício (14-16% Si)	3,8
			Galena	3,3
			Magnetita	2,4
			Quartzo	1,4

[*] Densidade relativa: no caso das suspensões de sólidos de alta densidade, refere-se à densidade máxima atingida no meio denso.
Fonte: adaptado de Sampaio e Tavares (2005) por Ruiz Nieves (2009).

4.2 Uso de suspensoides

A dificuldade operacional de trabalhar com os líquidos orgânicos densos, por sua toxicidade, mais a dificuldade em mantê-los confinados, porque são todos corrosivos e de custo elevado, levaram à utilização de meios densos artificiais constituídos de uma suspensão, em água, de partículas muito finas de sólidos de densidade elevada. São registrados os usos de galena, barita, areia, ferrossilício e magnetita.

O intervalo de densidades para a separação varia de aproximadamente 1,35 t/m³ para carvão, até 3,8 t/m³ para algumas aplicações especiais. Para obter esse intervalo de densidades mantendo a suspensão estável, é necessário encontrar um compromisso entre a densidade do suspensoide, sua concentração volumétrica e sua distribuição granulométrica, de modo que a suspensão apresente viscosidade que não prejudique a separação.

A densidade de uma suspensão (ρ) de um sólido de densidade ρ_s, em água, pode ser calculada para qualquer porcentagem de sólidos s, em peso, por meio de:

$$\rho = 100 / [(s / \rho_s) + (100 - s)] \qquad (4.1)$$

Para cada sólido em suspensão existe um limite de concentração volumétrica (que, em geral, varia entre 17% para quartzo e 30% para chumbo atomizado) até o qual a suspensão apresenta escoamento livre e age essencialmente como líquido newtoniano. Esse limite é a concentração volumétrica crítica. Acima dela, a viscosidade cresce rapidamente com a elevação da porcentagem de sólidos, até aproximadamente 45% de sólidos em volume, e a suspensão passa a comportar-se como um fluido de Bingham. Acima de 45% de sólidos, qualquer separação torna-se impossível.

O tamanho das partículas do meio denso é um fator muito importante, que apresenta um efeito marcante na relação entre a densidade da suspensão e sua viscosidade. Quanto maior o tamanho das partículas do meio, menor a viscosidade da suspensão para uma dada densidade. Em oposição, a estabilidade da suspensão está relacionada tanto ao conteúdo de sólidos como à sua forma e distribuição granulométrica. Da mesma forma, quanto mais finas as partículas que constituem o suspensoide, mais estável a suspensão e mais fina a alimentação que pode ser separada.

A viscosidade do meio é afetada pela presença de lamas e de finos de minério. Por isso, partículas finas são indesejáveis na alimentação dos processos de meio denso, e devem ser cuidadosamente eliminadas. Para carvão, o limite prático de tamanho que pode ser enviado ao meio denso é de 0,5 mm (32# Tyler).

Quatro são as principais classes de suspensões a ser consideradas:

a) suspensões com densidades entre 1,3 e 1,8 t/m^3, utilizadas em beneficiamento de carvões;
b) suspensões com densidades entre 2,7 e 2,9 t/m^3, utilizadas comumente em pré-concentrações de bens metálicos e industriais;
c) suspensões com densidades entre 2,9 e 3,6 t/m^3, usualmente empregadas com finalidades mais específicas, porém comuns no beneficiamento de diamantes;
d) suspensões com densidades acima de 3,6 t/m^3, raramente utilizadas.

Suspensões de quartzo e argila podem ser empregadas até densidades entre 1,5 e 1,6 t/m^3. No processo Barvoys, uma mistura 2:1 de argila com barita finamente moída permitia operações com meio de alta estabilidade em densidades de até 1,8 t/m^3. Nesse processo, o meio é regenerado por meio da remoção dos finos por flotação.

O uso de galena, material mole e que se degrada facilmente, também requer circuitos de regeneração do meio por flotação.

A tendência atual é o emprego de materiais que possam ser recuperados por separação magnética, em especial a magnetita e o ferrossilício.

Magnetita, com peso específico entre 5,0 e 5,5 t/m^3, é o meio denso mais usual para o beneficiamento de carvões. A densidade máxima atingida pela suspensão é da ordem de 2,5 t/m^3, possibilitando, ainda, a separação em equipamentos estáticos de certos minerais leves como a brucita, a grafita e a gipsita, entre outros. O limite prático, porém, é de 1,85 t/m^3, devido à excessiva viscosidade do meio denso.

Ferrossilício, uma liga de ferro e silício, com peso específico entre 6,7 e 6,9 t/m^3, é considerado o material mais indicado para meios com densidade de separação entre 2,5 e 4,0 t/m^3. A liga contendo entre 14% e 16% de Si é a mais indicada. Abaixo de 14% de Si tem-se elevação do peso específico e da suscetibilidade magnética, porém a resistência à corrosão decresce rapidamente. Acima de 16% de Si, a resistência à corrosão não demonstra elevação expressiva, ao passo que o peso específico e a suscetibilidade magnética diminuem sensivelmente.

Existem basicamente duas formas de ferrossilício disponíveis no comércio: moído e atomizado. O ferrossilício moído corresponde a um produto de forma irregular e com distribuição granulométrica variável. O material atomizado é obtido a partir de ferrossilício fundido, soprado a alta pressão contra um fluxo de água, em que diminutas esferas de Fe-Si são rapidamente formadas e solidificadas. O tamanho das partículas é muito mais bem controlado e o comportamento hidráulico das partículas em suspensão é muito melhor.

Tanto o produto moído como o atomizado são produzidos em ampla gama de especificações granulométricas.

Ferrossilício moído é utilizado para separações na faixa de densidade entre 2,7 e 2,9 t/m^3. A utilização de magnetita associada ao ferrossilício é factível e bem atrativa do ponto de vista econômico. Fe-Si atomizado é o material mais recomendado para separações no intervalo de densidade entre 2,9 e 3,6 t/m^3, utilizado para separações específicas, como diamantes e minérios de manganês. Em Serra do Navio (AP), a fração –3½+5/16" era separada em 3,18, e a fração –5/16"+20#, em 2,9.

A corrosão do Fe-Si pode significar elevadas perdas e a degradação do meio, com consequente elevação de sua viscosidade. A adição de bórax ou de nitrato de sódio ao meio pode minimizar ou eliminar esse efeito, embora a solução técnica mais adotada seja a "regeneração do ferrossilício" (e também da magnetita), conforme será visto adiante, na seção 4.5.

Embora o Fe-Si atomizado seja consideravelmente mais caro que o moído, a maior densidade e a menor viscosidade da suspensão obtida resultam em maior eficiência da operação e menores perdas do meio.

É muito importante a relação entre o tamanho do ferrossilício ou magnetita e a menor partícula separável por meio denso. Quanto mais fino o suspensoide, mais fina a alimentação separável. O limite é econômico, pois o custo de produção de suspensoides mais finos aumenta exponencialmente.

No beneficiamento de carvão, a quantidade mínima de magnetita é de 4 a 5 t por tonelada de carvão alimentada.

4.3 Meio denso autógeno

Nos ciclones autógenos, o projeto do equipamento dificulta a descarga do *underflow*, que se acumula dentro do equipamento a ponto de gerar um meio denso. A separação deixa de ser granulométrica para tornar-se densitária. Esse equipamento é muito utilizado para separar pirita de carvão fino e para fazer a concentração primária de ouro em dragas.

4.4 Equipamentos

Os equipamentos de separação em meio denso têm de prover duas funções independentes e indispensáveis:
1 manter o meio denso em agitação constante, caso contrário *os sólidos decantarão*;
2 remover os produtos flutuado e afundado de dentro do aparelho.

As diferentes soluções encontradas pelos fabricantes levaram a uma grande variedade de equipamentos disponíveis no mercado, os quais são divididos em duas classes principais: os *estáticos* e os *dinâmicos*.

Os equipamentos ditos "estáticos" têm um tanque que contém a suspensão de meio denso, um dispositivo para agitá-la e outro (eventualmente o mesmo) para retirar os dois produtos. Ou seja, não são estáticos em nenhum sentido. Essa denominação soa, portanto, esdrúxula, e por isso a colocamos entre aspas.

Os equipamentos ditos "dinâmicos" usam a turbulência de escoamentos hidráulicos para manter a polpa em suspensão. Melhor seria chamá-los de equipamentos da família dos ciclones: utilizando o princípio do ciclone, com forças centrífugas significativas presentes, obtém-se a separação eficiente de partículas mais finas.

A agitação mecânica nos equipamentos estáticos chega a ser intensa, causando turbulência no banho e prejudicando a separação precisa de partículas finas. São, portanto, utilizados para separar partículas grossas, e muitas das diferenças de projeto entre eles podem ser entendidas como o esforço para estender a sua faixa de atuação para partículas mais finas. Nos equipamentos dinâmicos, por sua vez, a turbulência do escoamento pode causar intenso desgaste abrasivo de minerais mais moles, e as diferenças de projeto devem ser interpretadas como o esforço para minimizar esse problema. Deve-se lembrar que *a presença de lamas inviabiliza a separação em meio denso*. Assim, se o equipamento é um gerador de lamas, por causa da intensa abrasão a que submete o minério alimentado, está causando a sua própria inviabilização.

Nos equipamentos estáticos, geralmente utilizados para partículas acima de 5 mm, a separação se processa sob influência do campo gravitacional, ao passo que nos sistemas dinâmicos (utilizados para partículas de até 0,5 mm), as partículas são separadas em campos centrífugos. Dessa forma, os tempos de residência nos equipamentos estáticos são consideravelmente maiores que nos equipamentos dinâmicos.

Em função de suas características construtivas, os equipamentos estáticos são subdivididos em tanque (*trough*), cone, roda/tambor e combinações. A alimentação é feita na parte superior do equipamento. As partículas leves flutuam e transbordam, juntamente com uma porção do meio, com ou sem a ajuda de escumadeiras. A retirada dos pesados varia em função do projeto do equipamento: aletas ou chicanas, *air lifters*, bombas, elevadores de caneca e transportadores de arraste.

Cones de separação são aplicados principalmente no beneficiamento de carvões, em faixas granulométricas de 100 a 3 mm e com baixa proporção de pesados. Separadores de tambor e tanque são recomendados para a separação de minérios com elevadas proporções de pesados (até cerca de 80%). O limite inferior de tamanho do material a ser processado em meio denso raramente está relacionado às limitações do equipamento, e sim às restrições do meio.

Na impossibilidade de rever todos os equipamentos disponíveis no mercado, examinaremos apenas alguns que, a nosso critério, são mais interessantes. A descrição é muitas vezes feita para carvão, matéria-prima mineral para a qual eles foram inicialmente desenvolvidos e só depois estendidos para os demais.

4.4.1 Vaso de Tromp

Aplicado às faixas granulométricas de carvão de 8 a 3/16", o vaso de Tromp consiste em um tanque que é percorrido por um ou dois transportadores de arraste, com placas verticais. O movimento das placas dentro do banho agita a polpa, mantendo o meio denso em suspensão, e ainda arrasta os produtos flutuado e afundado. Quando existem dois transportadores, é tirado também um produto intermediário, os médios, como mostra a Fig. 4.1.

O carvão a ser beneficiado é alimentado na parte superior e intermediária do equipamento. O produto leve flutua e é arrastado pelo trecho do transportador de arraste instalado acima do banho. Ele passa por um trecho ascendente, sobre tela de peneira, que drena parte do meio denso antes de descarregar. O produto pesado afunda e é apanhado pelo trecho inferior do transportador de arraste que opera dentro do banho, na direção oposta. Ele é levantado até um nível mais elevado, passando sobre outra tela.

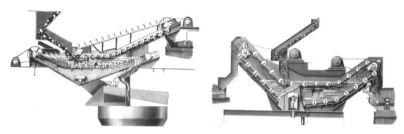

Fig. 4.1 Vasos de Tromp
Fonte: McNally Pittsburgh (1977).

O vaso de Tromp utiliza magnetita como meio denso e é, ainda, extensamente utilizado no beneficiamento de carvão grosso. Alguns modelos dispõem de um sistema lateral de injeção do meio a diferentes densidades e em vários níveis, de modo a proporcionar uma densidade de separação crescente em profundidade. O fluxo do meio se dá essencialmente no sentido lateral, formando camadas de diferentes densidades.

O meio de menor densidade é introduzido por quatro pontos e distribuído horizontalmente por placas, em direção ao ponto de alimentação. O meio de maior densidade é introduzido mais abaixo e flui horizontalmente pela porção inferior do vaso, abaixo dos intermediários, sendo removido por uma válvula de fundo. A alimentação é distribuída horizontalmente em toda a extensão do tanque, formando uma camada uniforme. Os leves da porção do meio de menor densidade são removidos por uma correia de arraste, ao passo que os intermediários e os pesados afundam para a região inferior, com meio de maior densidade.

4.4.2 Roda Teska

O separador Teska (Fig. 4.2) é uma roda de grande diâmetro e pequena largura, praticamente uma roda de caçambas, com as caçambas instaladas no lado de dentro. Ela gira dentro do banho de meio denso, agitando-o e mantendo-o em suspensão. Os pesados afundam e são recolhidos pelas caçambas, que os elevam até descarregá-los na parte superior, sobre uma calha. As caçambas são perfuradas para permitir a drenagem do meio denso, que volta para o banho. Dado o tamanho das caçambas, a agitação do banho é muito intensa, o que restringe a granulometria inferior da alimentação, mas permite manusear fragmentos muito grandes (até 1.200 mm) e trabalhar com densidades mais elevadas.

Os leves fluem de uma extremidade a outra do tanque e são removidos com o auxílio de escumadeiras. Os pesados afundam e são recolhidos e elevados pelas caçambas, e descarregados lateralmente.

Uma característica adicional do separador Teska é a corrente descendente do meio, através de um orifício na parte interior da roda de caçambas, de modo a manter maior homogeneidade do meio.

Fig. 4.2 Roda Teska
Fonte: Humboldt-Wedag (s.n.t.).

4.4.3 Tambores de meio denso

Consistem, essencialmente, de tambores cilíndricos rotativos. Chicanas na superfície do tambor agitam a polpa e recolhem o material afundado, elevam-no e descarregam-no sobre uma calha, que o encaminha para o exterior. O flutuado é arrastado pelo meio e transborda para fora do equipamento.

O tambor Wemco (Fig. 4.3) é um dos mais típicos. Pode ser utilizado para a obtenção de dois ou três produtos, respectivamente por meio do emprego de tambores de um ou dois compartimentos.

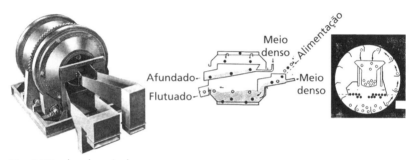

Fig. 4.3 Tambor de meio denso
Fonte: Envirotech (s.n.t.).

A tentativa de diminuir a agitação imposta pela roda Teska consistiu em diminuir o diâmetro do separador, aumentar a sua largura e diminuir a altura da caçamba, que se tornou uma talisca. Com isso, a agitação do banho, embora efetiva, é muito menor que a proporcionada pela roda Teska, permitindo processar partículas de tamanho menor do que faz a roda Teska, embora ainda grosseiras, para carvões na faixa entre 5 e 250 mm.

O minério é introduzido pela parte superior do tambor, paralelamente ao fluxo do meio de separação. Os leves flutuam e os pesados são descartados pelo fundo. Os leves percorrem a extensão do tambor até serem removidos juntamente com elevadas quantidades do meio, o qual é posteriormente removido do produto. Os pesados afundam e são arrastados pelas taliscas, acabando por serem descarregados numa calha especialmente projetada para removê-los.

McKee (1962) fornece as indicações de capacidade mostradas na Tab. 4.1 para os equipamentos produzidos, para a densidade 2,7.

Tab. 4.1 CAPACIDADES DE TAMBORES DE MEIO DENSO WEMCO-REMMER

	\multicolumn{10}{c	}{Tamanho (diâmetro)}
	4 ft = 1.219 mm		6 ft = 1.824 mm		8 ft = 2.433 mm		10 ft = 3.048 mm		12 ft = 3.658 mm	
Número de lifters	L/s	t/h	L/s	t/h	L/s	t/h	L/s	t/h	L/s	t/h
22	3,86	5,9	4,50	13,6	5,31	25,4				
26	7,76	6,9	10,20	16,3	11,67	30,9	13,25	63,0	14,25	117,0
30	15,37	8,2	17,97	18,7	20,83	35,4	23,33	74,0	26,11	135,0
34	22,70	9,1	27,74	21,3	32,50	40,0	35,97	84,0	40,56	153,0
38		10,4	40,36	23,6	46,10	44,5	51,75	94,0	56,94	121,0
42		11,4		26,4	63,06	49,0	70,69	104,0	77,64	188,0
46				28,8		54,5	41,53	113,0	102,78	206,0
50				31,4		61,0	113,61	124,0	128,06	224,0
54						63,5	135,56	133,0	156,94	243,0
58						68,0		143,0	189,44	270,0
Tamanho máximo admitido (mm)	\multicolumn{2}{c	}{89}	\multicolumn{2}{c	}{125}	\multicolumn{2}{c	}{150}	\multicolumn{2}{c	}{200}	\multicolumn{2}{c	}{250}
rpm	\multicolumn{2}{c	}{2,25-3}	\multicolumn{2}{c	}{1,5-2,2}	\multicolumn{2}{c	}{1,1-1,5}	\multicolumn{2}{c	}{0,9-1,2}	\multicolumn{2}{c	}{0,75-1}
pool area (m^2)	\multicolumn{2}{c	}{0,836}	\multicolumn{2}{c	}{1,951}	\multicolumn{2}{c	}{3,283}	\multicolumn{2}{c	}{5,11}	\multicolumn{2}{c	}{7,525}

4.4.4 Cones de separação

Os separadores do tipo cone foram os primeiros a serem utilizados comercialmente. O cone Chance emprega um meio altamente instável, constituído por areia na granulometria de 0,15 a 0,50 mm. A manutenção do meio é feita por meio de uma lenta rotação de pás e de fluxo ascendente de água, similar a um elutriador.

A quantidade de água injetada lateralmente depende da densidade de separação desejada. A baixas densidades de separação (1,4-1,5 t/m^3), a água injetada é mais importante, ao passo que em densidades mais elevadas (acima de 1,7 t/m^3), o fluxo de água é reduzido e a agitação passa a ser preponderante para a obtenção da separação procurada.

4.4.5 Ciclones de meio denso

O princípio de operação e o desenho do equipamento são similares aos do ciclone convencional. A alimentação é introduzida no ciclone a baixa pressão, juntamente com o meio denso. A operação do ciclone de meio denso é feita com uma instalação inclinada, como mostra a Fig. 4.4.

Fig. 4.4 Ciclones de meio denso
Fonte: McNally Pittsburgh (1977).

As capacidades dos ciclones de meio denso são função de seus diâmetros, como mostra a Tab. 4.2. Essa tabela é feita para carvão de densidade (real) 1,4. Para outros materiais, deve-se corrigi-la proporcionalmente. Ela vale também para pressões entre 5 e 15 psi, que são as usuais. O tamanho mínimo alimentado é de 28#.

Com carvão, a faixa de tamanhos recomendada para

Tab. 4.2 CAPACIDADES DE CICLONES DE MEIO DENSO

	Diâmetros (")						
	10	15	20	24(*)	26	26	28(*)
Vortex finder (")	–	–	7½	–	10	12	–
Capacidade máxima (st/h)	–	–	50	75(*)	85	120	100(*)
Alimentação máxima (")	–	–	1/2	–	1¼	1¾	–

Fonte: Krebs (s.n.t.) e (*)McNally Pittsburgh (1977).

a alimentação desse equipamento é de 1" a 28#, e as densidades de corte praticadas vão de 1,35 a 1,8. O desvio provável é de 0,05. Para densidades de partição inferiores a 1,35, o equipamento deixa de funcionar como equipamento de separação em meio denso e passa a operar como ciclone classificador. Densidades superiores a 1,8 envolvem o uso de magnetita mais grosseira ou de ferrossilício.

A relação de meio denso para sólidos praticada com carvão fica entre 1:4 e 1:5. Não é possível lavar carvão abaixo de 1,35, porque a viscosidade do meio torna-se muito baixa e cessa a separação. Para operação acima de 1,8, é necessário magnetita mais grosseira para evitar viscosidade excessiva. Acima de 1,9, é necessário utilizar ferrossilício.

Faz-se a regulagem da operação acertando-se o diâmetro do *apex*. A influência da posição do ciclone é tão grande sobre esse diâmetro que, na especificação, é necessário fazer constar a posição em que o ciclone será montado.

A água de selagem da bomba de meio denso dilui o meio denso. Via de regra, este é preparado com densidade 0,05 superior à densidade de corte.

Como mencionado, não é possível usar magnetita para densidades de corte inferiores a 1,35, porque a viscosidade do meio é muito baixa, e o ciclone passa a classificar. O acerto operacional, via de regra, é feito mudando-se o *apex* do ciclone.

Em princípio, os ciclones podem funcionar em qualquer posição. A prática recomenda montá-los com o eixo inclinado de 15°. A vazão de *underflow* torna-se mais estável e podem ser usados *apexes* de diâmetro maior do que na posição vertical.

4.4.6 *Dyna whirlpool*

O *dyna whirlpool* (DWP) foi desenvolvido no início dos anos 1960, nos Estados Unidos, para o beneficiamento de carvões facilmente degradáveis. Posteriormente, sua utilização foi estendida ao tratamento de outros minerais. A sua principal característica consiste em ter duas alimentações independentes: uma para o suspensoide, por bombeamento, e outra para a alimentação, por gravidade.

Desta forma, a alimentação – de material friável ou facilmente degradável – entra suavemente no equipamento, por gravidade, em escoamento laminar, sem sofrer a abrasão decorrente da turbulência intensa na bomba e na tubulação de alimentação, como ocorre no ciclone de meio denso.

Esse equipamento foi desenvolvido, portanto, para separar carvões muito moles, que se degradam durante o bombeamento conjunto com o meio denso. Entretanto, ganhou rápida popularidade, tendo sido utilizado no Brasil no beneficiamento da fração −5/16"+20# do minério de manganês em Serra do Navio (AP), e de diamantes em Nortelândia (MT).

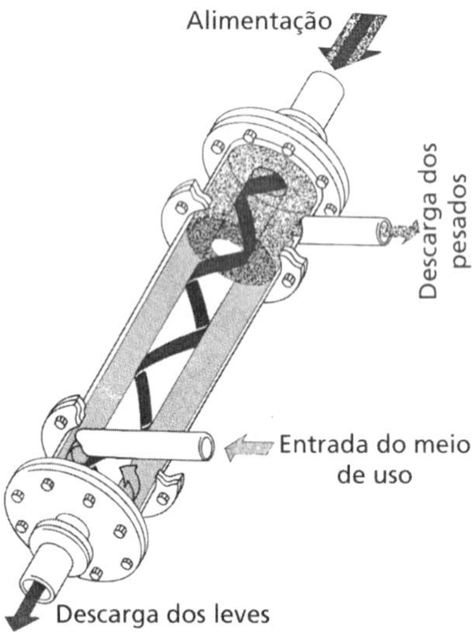

O DWP consiste de um vaso cilíndrico com entradas e saídas tangenciais e axiais em ambas as extremidades, como mostra a Fig. 4.5. A maior parte do suspensoide (cerca de 90%) é bombeada tangencialmente pelo orifício de alimentação posicionado na porção inferior do equipamento. O meio denso, em escoamento rotacional dentro do DWP, forma um vórtice em toda a extensão do equipamento e é descarregado tanto pela saída tangencial dos

Fig. 4.5 *Dyna whirlpool*
Fonte: Minerals Separation (s.n.t.).

pesados, na porção superior, como pela saída axial dos leves, na porção inferior.

A alimentação e o remanescente do meio são alimentados pela entrada, no eixo central do separador. As partículas leves não conseguem afundar no campo centrífugo e permanecem junto ao vórtice interno, atravessando toda a extensão do DWP até serem descarregadas na outra extremidade. Os pesados afundam no campo centrífugo e são empurrados para a parede interna até serem descarregados na parte superior do DWP. É de se esperar, portanto, que o DWP seja muito eficiente na recuperação ou na rejeição das partículas pesadas.

Ambas as saídas operam livremente, sem registros ou válvulas, de modo que permitem a operação com as mais variadas relações leves/pesados e granulometrias, de 3/4" até 28#. A inclinação do eixo do DWP em relação à horizontal varia entre 15° e 45° (normalmente são utilizados 25° de inclinação com a horizontal).

Os diâmetros internos, variando entre 150 mm e 470 mm, permitem vazões de alimentação entre 5 e 80 t/h. O comprimento do cilindro é da ordem de cinco vezes o diâmetro, no entanto, relações maiores são utilizadas para separações mais difíceis (quando há presença de *near gravity material* ou de finos).

O meio denso recomendado é uma mistura de 70% de ferrossilício moído a –200# e 30% de magnetita moída a –325#. Usa-se uma pequena adição de bentonita para aumentar a estabilidade da suspensão. No caso do minério de manganês da Serra do Navio (AP), utilizou-se apenas ferrossilício.

As capacidades informadas pelos fabricantes para o carvão são sumarizadas na Tab. 4.3.

Tab. 4.3 Capacidades de DWP

	Diâmetros (")				
	6	9	12½	15	18
Alimentação (t/h)	5-10	10-15	25	40	75
Vazão (USGPM)	220		700	1.000	1.700

Não se utilizam diâmetros inferiores a 6" nem superiores a 18". A pressão de operação recomendada varia com a densidade de separação, conforme a Tab. 4.4.

Tab. 4.4 PRESSÕES RECOMENDADAS PARA DWP

Pressão (psi)	10-12	12-14	14-18
Densidade	2	2,5	3

4.4.7 Ciclone autógeno

Na literatura da indústria do carvão, *cyclone* é, em princípio, o ciclone de meio denso. O ciclone classificador é muito pouco utilizado, em razão da diferença de densidades entre carvão e matéria mineral – partículas grosseiras de carvão têm a mesma massa que partículas finas de matéria mineral. O ciclone autógeno, quando surgiu, era uma novidade, razão pela qual foi chamado de *water only cyclone*, ou pior, de *hydrocyclone*, para evidenciar o fato de que não trabalhava com meio denso, e sim com água. Esse é o motivo por que nunca utilizamos o termo "hidrociclone" em nossos livros, preferindo a palavra "ciclone" para designar o equipamento de classificação. No jargão dos operadores, ele é chamado de ciclone de cone curto, ciclone de fundo chato etc.

A sua construção é a mesma do ciclone classificador, mas a porção cônica é consideravelmente mais curta (o ângulo do cone no ciclone classificador é de 12° a 20°, ao passo que no ciclone autógeno é de 60°, e no ciclone de fundo chato, de 0°). Essa diminuição do ângulo dificulta a descarga das partículas que rumam para o *underflow*. Como já explicado no segundo volume desta série, essas partículas são pesadas demais para serem arrastadas pelo vórtice ascendente e descarregadas pelo *overflow*. Elas então se acumulam dentro do ciclone e acabam por constituir um manto de densidade muito elevada, que permanece no interior do ciclone. A classificação fica, portanto, muito prejudicada, e apenas as partículas muito pesadas podem atravessá-lo e sair pelo *underflow*; as demais são forçadas a sair pelo *overflow*. Assim, a separação deixa de ser granulométrica para tornar-se densitária.

O McNally Visman Tricone (Fig. 4.6) consiste de um ciclone autógeno com a parte cônica composta de três estágios com ângulos diversos, decrescentes da porção cilíndrica para o *apex*. Embora inicialmente desenvolvido para o beneficiamento de carvão, a densidade máxima de separação, superior a 2,5 t/m³, permite o seu uso no tratamento de outros minerais, sendo exemplar a sua utilização com ouro e pirita.

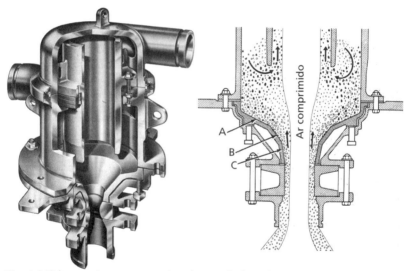

Fig. 4.6 Ciclone autógeno, *water only cyclone* ou *hydrocyclone*
Fonte: McNally Pittsburgh (1977).

O ciclone autógeno aceita alimentação até 1¼" e trata eficientemente partículas de carvão até 100#. Sua eficiência de separação é comparável à da mesa vibratória, mas, para o caso específico de eliminar pirita nos carvões, seu desempenho é melhor. Outra vantagem é que seu *underflow* sai adensado, permitindo encaminhá-lo diretamente para o desaguamento em filtros.

A densidade de corte mais elevada obtida pelos ciclones autógenos é de cerca de 1,6 t/m³, o que, teoricamente, restringe a sua aplicação ao beneficiamento de carvões. Embora possa tratar material sem pré-peneiramento, a qualidade da separação obtida não é tão elevada quanto a obtida em ciclones de meio denso ou em DWP. O *overflow* corresponde a um produto relativamente limpo (acabado), ao passo que, no *underflow*, a qualidade é inferior. Por esse motivo, é usual reprocessar o *underflow* em mais um ou dois estágios de ciclones, ou por outro processo.

A Tab. 4.5 mostra as capacidades informadas pela Krebs e pela McNally em seus catálogos. As capacidades informadas pela Krebs referem-se sempre à ciclonagem de carvão em dois estágios.

Tab. 4.5 Capacidades de ciclones autógenos

	Diâmetros (")						
	8(*)	10	12(*)	15	20	24(*)	26
Tamanho máximo alimentado	3/8"	10#	5/8"	1/4"	1/2"	1¼"	3/4"
Tamanho mínimo separado	–	100#-150#	–	65#-100#	48#-65#	–	35#-48#
Capacidade (st/h)	5	4-8	16	15-25	25-45	68	50-90
Capacidade (USGPM)	130	250	400	600	1.000	1.820	2.000
Pressão mínima	8	10	15	12	15	21	15
% sólidos máxima (em peso)	15	10	15	12	15	15	20

Fonte: Krebs (s.n.t.) e (*)McNally Pittsburgh (1977).

A empresa Akaflex fornece um equipamento denominado "hidrociclone" de fundo plano (Fig. 4.7). Este é realmente um hidrociclone, pois seu funcionamento é autógeno. Trata-se de uma variante dos equipamentos descritos anteriormente, embora possa funcionar também como ciclone classificador.

Esses hidrociclones são ciclones cilíndricos com fundo plano (que não é exatamente "plano", mas tem um ângulo de 15° a 30°). O catálogo da Akaflex explica que o princípio de funcionamento é a formação de um leito espessado no fundo, que tem, no topo, movimento rotacional resultante da alimentação tangencial ao ciclone. Na base, o atrito com o fundo tende a diminuir a intensidade desse movimento. Formam-se, então, correntes de convecção decorrentes da diferença de velocidades entre o topo e o fundo, ascendentes no centro do ciclone e descendentes na periferia. Essas correntes geram um meio denso dentro do equipamento, que separa as partículas mais densas no *underflow* e as mais leves no *overflow*. Por causa do efeito do vórtice ascendente, o *apex* não entope, como aconteceria com

Fig. 4.7 Ciclone de fundo plano
Fonte: Akaflex (s.d.).

um ciclone convencional ao trabalhar com *underflows* tão densos. Dessa forma, esse ciclone opera com partículas grosseiras, até 0,8 mm.

O ciclone de fundo plano pode também trabalhar como ciclone classificador. Nessa operação, os parâmetros de controle são o diâmetro do *apex* e o comprimento da parte cilíndrica. A porcentagem de sólidos da alimentação, como variável de controle, perde importância.

4.5 Operações auxiliares

Diferentemente da maioria dos demais processos de concentração densitária, a separação em meio denso é mais que um

único processo unitário – várias operações são necessárias para o sistema operar de forma eficiente e econômica:
- preparação da alimentação;
- alimentação do minério e do meio;
- separação de leves e pesados, isto é, a separação em meio denso propriamente dita;
- recuperação dos produtos;
- recuperação do meio.

Esses vários estágios são ilustrados de forma simplificada na Fig. 4.8, para um circuito de DWP:

a] A alimentação é cuidadosamente peneirada para a remoção dos finos e das lamas, antes que possa ser alimentada ao separador. A eliminação das lamas é condição *sine qua non* para o sucesso da operação.

b] A alimentação precisa ser molhada cuidadosamente, a fim de evitar que bolhas de ar aderidas a alguma partícula alterem a sua densidade efetiva. Em seguida, usualmente é adicionada parte do meio denso, já ambientando, assim, a alimentação do minério a separar com o meio denso que efetuará a separação.

c] Após a separação, ambos os produtos da separação saem recobertos de água e partículas do meio denso. É necessário tanto desaguá-los como recuperar o suspensoide, pois, além de caro, ele é um contaminante que irá prejudicar a qualidade do concentrado se não for removido adequadamente.

Isso é feito em dois peneiramentos: o primeiro, em peneiras estáticas (geralmente DSM), permite separar dos sólidos água e suspensoide na mesma proporção (portanto, na mesma densidade) em que está sendo feita a separação, meio denso este que é devolvido imediatamente ao circuito. O *oversize* da DSM é então despejado sobre uma peneira vibratória horizontal para ser lavado. No circuito do DPW na concentração do minério de manganês de Serra do Navio, não se utilizaram peneiras estáticas.

Essa peneira é dividida em duas partes, cada qual com um chute de *undersize* independente. Na primeira parte, retira-se uma quantidade adicional de meio denso com as mesmas características daquele recuperado na peneira DSM, e que também retorna imediatamente para

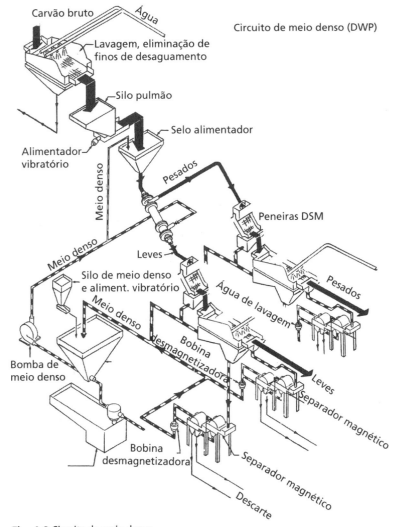

Fig. 4.8 Circuito de meio denso
Fonte: adaptado de Wilmot (s.n.t.).

o processo. Na segunda parte, jatos d'água abundantes lavam completamente as partículas, retirando todo e qualquer meio denso aderido a elas. É claro que o meio denso aqui recuperado é diluído e, por isso, precisa ser adensado antes de retornar à separação.

d] Esse adensamento pode ser feito em qualquer equipamento desaguador, como cones desaguadores ou classificadores espirais. O meio denso é desaguado e, então, repolpado na densidade desejada para retornar ao circuito.

Ferrossilício e magnetita, por serem magnéticos, têm a vantagem de poderem ser desaguados em separadores magnéticos. Nesse caso, a operação é chamada de *regeneração* do meio denso, pois, além de adensá-lo, elimina partículas de lama, finos de minério e produtos resultantes da degradação granulométrica ou da corrosão do meio denso. Utilizam-se separadores magnéticos de tambor, duplos.

Quando se usam outros minerais como suspensoide, não é possível utilizar o separador magnético. Usam-se então espessadores, classificadores espirais ou cones desaguadores. Nas instalações que utilizam galena como meio, esta é recuperada por flotação. Hoje, porém, a galena é muito raramente utilizada, exceto quando é um dos constituintes do próprio minério. Nesse caso, a recuperação do meio é menos importante, particularmente para o produto pesado.

A alimentação do meio denso deve estar totalmente isenta de lamas. Estas, quer sejam oriundas da alimentação ou da degradação durante o manuseio, exercerão dois efeitos nocivos, se presentes:

- ♦ irão espalhar-se pelo meio denso, diminuindo a sua densidade;
- ♦ aumentarão a viscosidade do meio, dificultando a separação das partículas pesadas.

A presença de lamas é, portanto, totalmente indesejável. Por isso, tomam-se preocupações extremas no projeto para assegurar uma deslamagem tão completa quanto possível. Para granulometrias grosseiras, geralmente a lavagem em peneiras vibratórias é suficiente. No caso de granulometrias menores, é comum uma etapa inicial de deslamagem em ciclones. Como isso não é suficiente, segue-se a passagem do *underflow* numa peneira DSM, seguida de uma peneira horizontal, com *sprays*.

A separação propriamente dita é feita nos diferentes equipamentos de meio denso e deve atender às peculiaridades de cada um. Todo o *layout* é concebido para atendê-los. Via de regra, esses equipamentos são colocados no pavimento superior da usina, de modo que todas as operações subsequentes, de recuperação do meio denso, possam ser alimentadas por gravidade.

O DWP é único nesse aspecto, pois é alimentado em separado do meio denso, e por gravidade, para evitar o escoamento turbulento. Isso obriga a fazer a alimentação de um ponto mais elevado.

4.6 Dimensionamento dos equipamentos

O dimensionamento de aparelhos de beneficiamento gravíticos e de meio denso é sempre feito pela capacidade de alimentação. Para ciclones de meio denso, DWP e ciclones autógenos, a granulometria também pode ser outra limitação. Para os separadores de vaso de meio denso (tambor, Daniels ou Teska), a granulometria alimentada pode excluir a possibilidade de uso de alguns deles.

A experiência de Serra do Navio (AP) – minério de manganês da Indústria e Comércio de Minérios S.A. (Icomi) – é um exemplo muito bom da influência da granulometria na seleção dos equipamentos e métodos de concentração. O minério britado era desagregado em *scrubbers*, lavado e classificado em peneiras vibratórias. A fração –3"+5/16" era concentrada em tambor Wemco. A fração –5/16"+20# era concentrada em DWP. Os finos abaixo dessa malha eram concentrados em espirais. Ou seja, dependendo do tamanho das partículas, eram utilizados três equipamentos diferentes, dois deles de concentração em meio denso.

O tamanho de partículas necessário é função da vazão necessária, da proporção de leves e pesados na alimentação, dos pesos específicos relativos, dentre outros fatores. Esses fatores determinam a área de piscina necessária, o tempo de residência e as capacidades de manuseio de pesados e leves.

A área necessária é função da vazão alimentada e do tamanho máximo das partículas, bem como do tempo de residência necessário, o qual depende da velocidade de sedimentação das partículas mais finas. A área pode variar de 0,1 m²/(t/h) para finos abaixo de 10 µm, até 0,2 m²/(t/h) para material mais grosso (100 mm).

A capacidade de manuseio depende da proporção, da densidade e da forma dos pesados. Nos separadores de tambor, o número, o tamanho e a velocidade dos elevadores determinam a capacidade de manuseio.

Em geral, pequenos diâmetros giram a maiores velocidades que os maiores – entre 3 rpm para os pequenos e 0,75 rpm para os grandes.

Referências bibliográficas

AKAFLEX INDÚSTRIA E COMÉRCIO LTDA. Hidrociclones de fundo plano. *Catálogo*. São Paulo: Akaflex, [s.d.].

ENVIROTECH CO. Wemco HMS heavy media separation systems. *Bulletin HI-B38*. [s.n.t.].

HUMBOLDT-WEDAG. Schwertrubescheide. *Catálogo 4-410*. [s.n.t.].

KREBS ENGINEERING. Krebs cyclones for the coal industry. *Krebs bulletin n. 4-117*. [s.n.t.].

MCKEE, A. G. *Wemco Data Sheet J2-D2*, Sacramento, fev. 1962.

MCNALLY PITTSBURGH. Coal preparation manual. *Catálogo M576*, 1977.

MINERALS SEPARATION CORP. *Operation of the DWP heavy media system for mineral beneficiation*. Xerox. [s.n.t.].

RUIZ NIEVES, A. S. *Flotação do carvão contido no rejeito da barragem El Cantor*. Dissertação (Mestrado) – Escola Politécnica da USP, São Paulo, 2009.

SAMPAIO, C. H.; TAVARES, L. M. M. *Beneficiamento gravimétrico*. Porto Alegre: Editora da UFRGS, 2005.

WILMOT ENGINEERING CO. Dyna whirlpool process. *Bulletin DWP 10M-11--62*. [s.n.t.].

Separação em lâmina d'água 5

Os processos de separação em lâmina d'água cobrem uma família de equipamentos, alguns deles os mais primitivos e talvez os mais antigos do mundo. Agricola (1950) mostra diversas gravuras de concentração em calhas. A lenda do velocino (carneiro) de ouro, da mitologia grega, relata uma expedição liderada pelo herói Jasão, a bordo do navio Argos (daí o termo argonautas), até a atual Turquia, para buscar um carneiro cujos pelos eram de ouro. Agricola interpreta a base dessa narrativa como sendo a concentração de ouro na Turquia em calhas forradas de pele de carneiro. As partículas de ouro ficavam aderidas à lã e, ao final do trabalho, eram levantadas e vistas, por alguém menos avisado, como uma pele com fios dourados...

Começaremos com as bateias e as calhas, muito empregadas nos garimpos do Brasil e de outras partes. Prosseguiremos com as calhas e as espirais concentradoras, com o cone Reichert e, por fim, concluiremos com as mesas vibratórias. Naturalmente, isso não esgota o universo de equipamentos para a separação em lâmina d'água, nem é nossa intenção fazê-lo.

A Fig. 5.1 mostra um garimpeiro com a tralha usual: peneiras de várias aberturas para separar os fragmentos maiores, impossíveis de tratar pela bateia (junto ao seu pé direito, nota-se uma pilha de partículas grosseiras, e outra debaixo das peneiras); pá e enxadão; e duas bateias, uma maior e outra menor.

Fig. 5.1 Garimpeiro e sua tralha

A bateia é uma vasilha cônica, rasa, de madeira ou de chapa de aço. O bateador coloca sobre ela o minério a ser bateado e água, e inicia um movimento giratório com as mãos, obrigando a polpa que está sobre a bateia a girar sobre ela. As partículas adquirem um movimento circular; as mais grosseiras rolam sobre o fundo da bateia e as mais leves são arrastadas pela água. Nesse movimento, as partículas mais pesadas acabam se dirigindo para o fundo da bateia e daí escorregando para o ápice do cone, onde ficam retidas.

Observe a Fig. 5.2. A Fig. 5.2A mostra a eliminação de grande quantidade de lama. A períodos, o bateador inclina a bateia para derramar parte da polpa que está dentro dela (Fig. 5.2B,C). A polpa que está junto à borda e que, por isso, é derramada, contém apenas partículas leves, pois as pesadas já afundaram em direção ao ápice do cone. O bateador repõe água limpa e continua o trabalho até restar uma pequena quantidade de partículas de minerais pesados no centro da bateia (Fig. 5.2D).

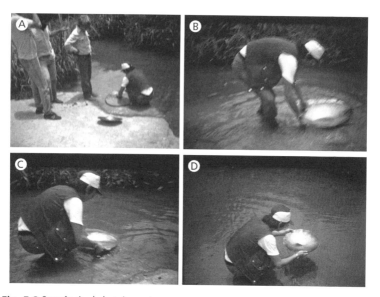

Fig. 5.2 Sequência de bateiamento

5.1 Mecanismo de separação em lâmina d'água

Num escoamento livre (a céu aberto, não confinado em tubos), o escoamento é laminar (não é turbulento no sentido da Mecânica dos Fluidos). O fluido escoa em lâminas de velocidades diferentes, umas sobre as outras. Existe um gradiente de velocidades dessas lâminas, como mostrado na Fig. 5.3: a velocidade é máxima em alguma posição no interior do fluido, diminui na superfície (por causa da resistência do ar) e é zero no contato com a base da calha (camada limite).

Fig. 5.3 Gradiente de velocidades num escoamento laminar

Uma partícula dentro desse fluido desloca-se com uma velocidade composta de duas parcelas individuais: uma componente na direção do escoamento, que depende da posição da partícula dentro do gradiente de velocidades – que é igual para partículas leves ou pesadas, pois a massa do fluido é infinita em relação à da partícula e lhe impõe a sua velocidade –, e outra componente na direção vertical, descendente, função do peso de cada partícula. As partículas pesadas afundam mais depressa porque têm velocidade resultante maior que as partículas leves.

Conforme as partículas (tanto leves como pesadas) afundam, a componente da velocidade na direção do escoamento diminui (por causa do gradiente de velocidades). A velocidade resultante vai ficando cada vez mais próxima da vertical. A situação é a mostrada na Fig. 5.4: as partículas pesadas não só afundam mais depressa que as partículas leves, como também afundam cada vez mais depressa.

Quando a partícula chega à superfície inferior do escoamento, a velocidade do escoamento é zero. É o que se chama de "camada limite". Teoricamente ela ficaria estacionária; porém, a superfície onde ocorre a camada limite tem dimensão nula (é um ente matemático, ideal) e a partícula, não. Como consequência, ela rola sobre o fundo.

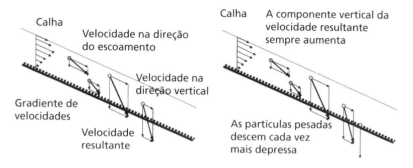

Fig. 5.4 Comportamento das partículas no escoamento laminar

Na prática operacional, pode-se trabalhar com esse fato e fazer as partículas pesadas se moverem lentamente sobre o fundo da calha numa camada individualizada, como acontece nas espirais, nas calhas estranguladas ou no cone Reichert, ou fixá-las mediante a utilização de superfícies rugosas capazes de prendê-la no local (veludo cotelê, feltro, carpete, aniagem) ou de rifles, como será visto mais adiante.

5.2 Equipamentos

5.2.1 Calhas

A Fig. 5.5 mostra as calhas utilizadas num experimento para verificar o efeito de rifles e do tecido de aniagem no fundo da calha, numa mina da CBPM, na Serra da Jacobina (BA), no fim dos anos 1970.

Trata-se simplesmente de calhas de madeira inclinadas em torno de 15°, alimentadas com polpa pela extremidade superior e descarregadas pela extremidade inferior. As partículas de minerais pesados

Fig. 5.5 Calhas riflada e forrada

afundam e são aprisionadas seja pelo tecido da forração, seja pelos rifles. Periodicamente é necessário parar a alimentação e descarregar o material depositado no fundo. Essa é a razão por que essa calha é dupla. Enquanto uma está sendo descarregada, a outra está funcionando.

Veiga (2006) registra que as calhas alimentadas manualmente têm 1 a 2 m de comprimento, 30 a 50 cm de largura e bordas de 10 a 30 cm de altura. As calhas usualmente são inclinadas de 5° a 15°. Na Guiana, na Indonésia e no Brasil, as calhas alimentadas por desmonte hidráulico têm entre 1 e 1,5 m de largura e até 5 m de comprimento.

Via de regra, as calhas são ajustadas para rejeitar grande quantidade de material, isto é, fornecem um rejeito acabado e um concentrado pobre, que será apurado numa operação subsequente, geralmente na bateia.

A Fig. 5.6 ilustra a ação do rifle: chegam ao fundo da calha não apenas as partículas pesadas, mas também partículas leves, que iniciaram o percurso descendente numa posição inferior e, portanto, mais favorável para isso. O rifle é uma singularidade no escoamento e provoca turbulência localizada. O escoamento sobre os rifles é laminar, mas, dentro do espaço confinado por eles, turbulento. As partículas são levantadas por esse turbilhonamento e as leves acabam sendo arrastadas. As pesadas não, justamente por serem pesadas demais para serem arrastadas. Dessa forma, em princípio, o concentrado de uma calha riflada seria mais rico que o de uma calha meramente forrada.

5.2.2 Calhas em zigue-zague

A Fig. 5.7 mostra uma variante das calhas, chamada de "cobra fumando": na Fig. 5.7B, o modelo utilizado nos garimpos de ouro de Poconé (MT), e na Fig. 5.7C, o

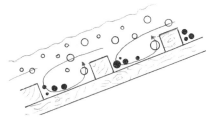

Fig. 5.6 Ação do rifle

modelo utilizado nas balsas do rio Madeira (TO). Essas calhas constam de um recipiente onde é despejado o minério a ser lavado. Na balsa, o minério vem da bomba de sucção e é todo fino. No modelo terrestre, essa caixa tem uma tela por baixo, para impedir que partículas grosseiras sejam alimentadas – além de grossas demais para serem separadas, vão causar desvios do fluxo e perturbar o escoamento da polpa.

Essa caixa (na Fig. 5.7B, ela está levantada para mostrar o fundo perfurado) alimenta uma primeira calha, responsável pela recuperação de cerca de 60% do ouro obtido (não é o ouro contido!). A ela segue-se uma segunda calha, que recupera o restante. As inclinações de ambas as calhas podem ser variadas, de modo a otimizar a recuperação.

Fig. 5.7 Cobra fumando

Veiga (2006) registra que 90% do ouro é capturado no primeiro terço da calha, 9% no segundo e 1% no terceiro (calha em zigue-zague de três *decks*). Isso decorre da aceleração da polpa ao longo da calha: a velocidade fica tão elevada que as partículas menores não conseguem sedimentar. A maior parte do ouro é capturada no primeiro meio metro, de modo que é interessante manter o comprimento das calhas curto, inferior a 2 m. Configurações em zigue-zague (como na cobra fumando) quebram a velocidade da polpa e ajudam a aumentar a recuperação. Três calhas de 2 m em zigue-zague são mais eficazes que uma calha de 6 m.

5.2.3 Calhas estranguladas

A Fig. 5.8 mostra a calha estrangulada. Trata-se de uma calha de fundo liso e cuja seção diminui na direção da extremidade de descarga. Disso decorrem duas características da sua operação: no início, existe bastante espaço para as partículas pesadas sedimentarem e construírem uma camada móvel no fundo da calha. A seção é grande, de forma que a velocidade do fluido no início da calha é pequena.

Conforme se aproxima da descarga, a seção vai diminuindo e a velocidade do fluxo vai aumentando, de modo a dificultar a deposição das partículas mais leves (as pesadas já estão no fundo, correndo sobre a base da calha). Forma-se, portanto, uma camada inferior, constituída pelas partículas pesadas, que se move lentamente, e uma camada superior, constituída pelas partículas leves, que se move rapidamente. A colocação de um septo no fim da calha é suficiente para separar as duas populações e, eventualmente, uma terceira fração intermediária.

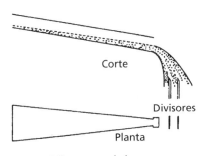

Fig. 5.8 Calha estrangulada

A grande vantagem desse modelo em relação aos mostrados anteriormente é que a sua operação é contínua, sem necessitar de paradas para lavar o forro ou os rifles.

Alguns modelos de espirais trabalham dessa maneira. O cone Reichert, que será apresentado mais adiante, é o auge da calha estrangulada.

5.2.4 Espirais concentradoras

A Fig. 5.9 mostra um conjunto de espirais de Humphreys. Trata-se de uma calha de seção como mostrado na Fig. 5.9B, desenvolvida em espiral em torno de um eixo vertical. Ela era fabricada em ferro fundido e tinha cinco voltas. O seu mecanismo de separação será descrito mais adiante. Por ora, é importante apenas registrar que se trata de um equipamento muito eficiente para a separação das espécies minerais, muito seletivo e com diferentes recursos para aumentar a seletividade da separação.

 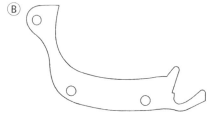

Fig. 5.9 Espiral de Humphreys
Fonte: Humphreys (s.d.).

Esse equipamento, tão inteligente em sua concepção e tão seletivo no seu desempenho, tinha, porém, algumas limitações:
- *baixa capacidade:* em torno de 2 t/h, quando alimentado com uma polpa a 20% a 30% de sólidos em peso;
- *peso elevado:* como era fabricado em ferro fundido, era pesado. Isso se reflete na sua manutenção e montagem, trabalhosas, e também na estrutura do edifício necessária para suportá-lo. Deve-se lembrar que um circuito clássico de beneficiamento tem uma operação *rougher*, uma *cleaner* e uma *scavenger*. A boa técnica de projeto consiste em elevar a unidade *rougher*, bombear para ela a alimentação e alimentar as operações *cleaner* e *scavenger* por gravidade. O edifício exigia, portanto, uma estrutura pesada e cara;
- *custo elevado:* as peças eram fundidas, o que exigia modelos, moldes e um trabalho manual intenso para preparar as caixas de fundição – uma fabricação cara, portanto. O fato de o ferro fundido ser um metal muito duro impede a usinagem. Assim, peças com defeito ou que não se encai-

xavam bem nas outras eram refugadas, com grandes perdas de produção, aumentando ainda mais o custo de fabricação;
- ◆ *inflexibilidade do perfil da calha:* o modelo é uma peça de fabricação muito trabalhosa e, por isso, também caro. É inviável ter muitos modelos de calha para atender a diferentes separações.

A soma desses inconvenientes levou praticamente ao abandono desse equipamento. A situação reverteu-se quando, nos anos 1960, iniciou-se a explotação dos minerais de praia na Austrália. Os depósitos eram rasos, o que significava que tinham pequena seção, e os painéis em que a mina era dividida esgotavam-se rapidamente. O minério era muito pobre, o que exigia que a usina de beneficiamento acompanhasse a frente de lavra, pois o transporte de um material tão pobre era economicamente inviável. Da mesma forma, era necessário depositar os volumes enormes de rejeito no mesmo local de onde foram retirados. Esse mesmo cenário será visto no Cap. 10, no estudo da lavra de minérios de aluvião.

O peso das espirais impedia a mobilidade da instalação. A sua baixa capacidade demandaria um número muito grande de unidades para atender à demanda, aumentando ainda mais o peso da instalação.

O professor Reichert teve a feliz ideia de substituir o ferro fundido por fibra de vidro (*fiberglass*), material que começava a ter extensa utilização industrial àquela ocasião. Essa ideia revelou um toque de gênio e deu nova vida ao equipamento:
- ◆ o problema do peso ficou resolvido;
- ◆ o custo diminuiu muito: os custosos modelos foram abandonados. Para estender a fibra de vidro, basta um gabarito com o perfil que se quer dar à superfície, seguido da polimerização sobre ele. O processo é rápido e o gabarito, imediatamente utilizável para moldar outro elemento de calha;
- ◆ sendo tão leve, ficou fácil utilizar o mesmo eixo para instalar uma segunda calha, e mesmo uma terceira.

A capacidade unitária foi, assim, multiplicada por 2 ou 3, com sensível ganho de capacidade;

♦ não sendo mais necessário o modelo de fundição, ficou aberto o espaço para novos perfis de calha. Sabe-se que o fabricante oferecia pelo menos 21 perfis diferentes, cada um adequado a uma separação específica.

A Fig. 5.10 mostra o aspecto desse equipamento revitalizado.

Entretanto, ainda assim, como os minerais de praia eram muito pobres, o número de unidades necessário continuava a ser grande. Então, o mesmo professor Reichert desenvolveu o equipamento que leva o seu nome – o cone Reichert –, para fazer a concentração primária, isto é, rejeitar um enorme volume de rejeito e diminuir significativamente o volume a ser beneficiado nas espirais. Descreveremos esse cone mais adiante.

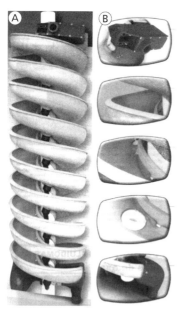

Fig. 5.10 Espiral de Reichert
Fonte: Akaflex (s.d.).

Conforme a polpa começa a escoar sobre a calha, as partículas sofrem as mesmas acelerações mostradas na Fig. 5.4 – na direção do escoamento e na direção vertical –, e como o percurso é circular, aparece uma terceira componente, centrífuga. As partículas são todas lançadas para fora. Aqui também as partículas pesadas afundam mais depressa e cada vez mais depressa. Portanto, elas atingem rapidamente o fundo da calha e começam a rolar sobre ele. O perfil da calha faz com que esse filme de partículas pesadas seja dirigido para a sua porção inferior, isto é, para o centro da espiral (Figs. 5.11 e 5.12).

A espiral da Fig. 5.10A tem duas calhas (duas alimentações e duas descargas independentes) montadas no mesmo eixo. No final da calha são separados pesados, leves e médios, do mesmo modo que na calha estrangulada. Já os dois detalhes inferiores da Fig. 5.10B mostram os *splitters*, que são um dispositivo para retirar os pesados de dentro da calha tão logo eles separem (Figs. 5.13 e 5.14).

A posição em que o *splitter* intercepta o fluxo pode ser regulada de modo a proporcionar um concentrado acabado (parte do fluxo de concentrado continua sobre a calha) ou máxima recuperação (à custa da contaminação do concentrado com partículas leves, o que exige uma etapa subsequente de lavagem desse concentrado – *cleaner*).

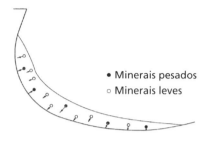

Fig. 5.11 Velocidades das partículas na polpa sobre a calha
Fonte: Humphreys (s.d.).

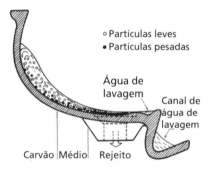

Fig. 5.12 Acomodação das partículas sobre a calha
Fonte: Humphreys (s.d.).

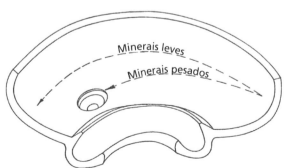

Fig. 5.13 Trajetórias sobre a calha
Fonte: Humphreys (s.d.).

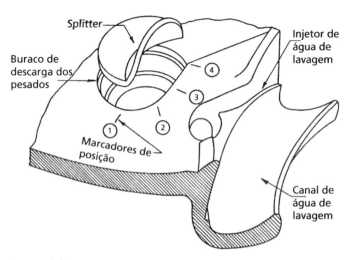

Fig. 5.14 *Splitters*
Fonte: Humphreys (s.d.).

As calhas também têm um dispositivo para lavar o concentrado de pesados e retirar dele partículas leves que tenham sido mecanicamente arrastadas. É feita uma injeção d'água perpendicular ao fluxo da calha, imediatamente antes do *splitter*. Essa água elutria e arrasta as partículas leves presas no fluxo de pesados e as conduz para a periferia da calha, como mostra a Fig. 5.15.

Splitters e lavagem do concentrado são dispositivos que já existiam na espiral de Humphreys. A Fig. 5.16 mostra diferentes perfis da calha fornecidos pela Mineral Deposits, da Austrália. Além dessa diferença, existe a possibilidade de separar pesados e leves apenas no fim da espiral (Fig. 5.17; ver também Fig. 5.10).

As espirais são, atualmente, o equipamento de concentração de menor custo de capital.

As variáveis construtivas que afetam a operação

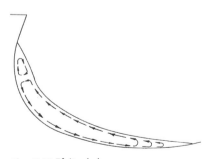

Fig. 5.15 Efeito da lavagem
Fonte: Humphreys (s.d.).

da espiral são o diâmetro e o passo – além, obviamente, do perfil. Este é escolhido em função do coeficiente de separação, da granulometria da alimentação e da experiência anterior com esse tipo de minério.

O passo aumenta a inclinação da espiral e, consequentemente, a velocidade da polpa que corre sobre ela. A capacidade aumenta proporcionalmente. Wills (1981) comenta que passos menores favorecem a separação em densidades de corte menores, e passos maiores, o corte em densidades mais elevadas. Portanto, passos maiores são úteis para trabalhar densidades de corte mais elevadas, como é o caso do beneficiamento do itabirito.

O diâmetro da espiral também influencia a capacidade, mas, principalmente, define a granulometria apropriada a ser utilizada. Para o beneficiamento de carvão, recomendam-se espirais de maior diâmetro; para minério de ferro, diâmetros intermediários; e para minerais pesados, diâmetros menores.

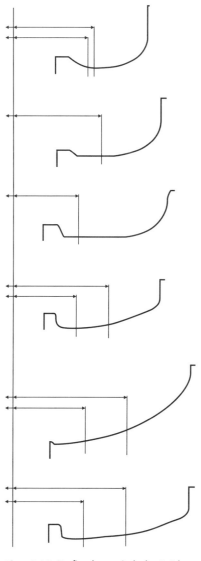

Fig. 5.16 Perfis da espiral de Reichert
Fonte: Mineral Deposits (s.n.t.).

A altura da espiral está correlacionada ao número de voltas da calha. Quanto mais voltas a calha der, maior a probabilidade de uma partícula encontrar a sua posição correta no escoamento.

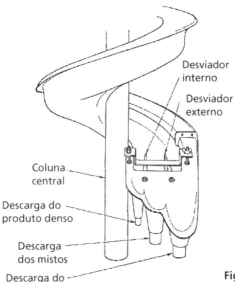

Fig. 5.17 Descarga
Fonte: Sampaio e Tavares (2005)

A vazão de alimentação é a variável operacional mais importante, pois determinará a velocidade da polpa e, com isso, a velocidade do fluxo secundário. Vazões baixas causam a sedimentação rápida das partículas, prejudicam a separação que deveria ocorrer na zona de transição, e o teor do concentrado cai. Vazões mais altas implicam maiores velocidades, inclusive do fluxo secundário, o que arrasta partículas pesadas mais finas para o rejeito, com as consequentes perdas de recuperação.

A diluição da polpa de alimentação (porcentagem de sólidos) tem efeito secundário. Este decorre do aumento da densidade da polpa (e, às vezes, da sua viscosidade), o que implica perdas de minério para o rejeito e, em consequência, o aumento do teor do concentrado.

As variáveis operacionais importantes são a vazão de alimentação, que precisa ser mantida constante para o bom resultado; a porcentagem de sólidos da alimentação (densidade e viscosidade de polpa), que é crítica; e a faixa granulométrica, que precisa ser estreita.

Arenare et al. (2000) consideram a vazão de alimentação a variável mais importante. Segundo os autores, a densidade de polpa exerce um papel secundário. Para minérios de ferro, densidades mais elevadas produziram sempre concentrados de teor mais elevado.

A necessidade de estreitar a faixa granulométrica processada – espirais trabalham de 2 a 0,074 mm – é decorrente da perda de partículas finas nos rejeitos quando a espiral opera com partículas grossas. Arenare et al. (2000) recomendam trabalhar com diâmetros maiores quando a distribuição de tamanhos for muito ampla. Para minério de ferro, a limitação de tamanho é de 0,038 mm.

No caso do minério de ferro, aliás, o uso da água de elutriação é absolutamente imprescindível. Como a quantidade de minerais pesados é muito grande em relação à dos outros minérios lavados em espirais, o adensamento da polpa de concentrado é igualmente muito grande. A água de elutriação, além de elutriar as partículas leves arrastadas mecanicamente, repõe a água nesse fluxo, mantendo a eficiência de separação.

Por fim, a água de lavagem precisa ser muito limpa para não entupir os orifícios de distribuição.

Muita atenção precisa ser dada às mangueiras que recebem a polpa dos distribuidores e alimentam as calhas das espirais. Elas precisam ser suportadas, pois o peso da polpa dentro dos mangotes pode deformá-los ("embarrigá-los"), e os sólidos podem depositar-se nessa barriga, entupindo o mangote.

O funcionamento das espirais concentradoras ocorre da seguinte forma: dois fluxos de polpa, duas zonas de escoamento separadas por uma zona de transição. As partículas de densidade elevada são arrastadas para a zona interior, onde escoam em escoamento laminar. As partículas da zona interna (concentrado) correm como um leito, enquanto as partículas da zona externa (rejeito) estão em suspensão. A separação ocorre na zona de transição, onde o escoamento secundário arrasta as partículas leves para a zona externa e as partículas pesadas afundam e correm para a zona interna.

A faixa de trabalho não pode ser muito ampla, porque partículas pesadas finas poderão ser arrastadas para o rejeito. Partículas muito grossas também tendem a migrar para o rejeito, arrastadas pelo escoamento secundário, rolando calha acima no sentido radial.

A água de lavagem é vista simplesmente como a ferramenta para elutriar partículas leves presas mecanicamente no fluxo de concentrado. Quando a partição para o concentrado é grande, como é o caso típico dos minérios de ferro, muita água é arrastada por eles, o que altera a diluição da polpa que está correndo pela calha. É necessário repor essa água, o que é feito pela água de lavagem, razão pela qual a qualidade dessa água é de fundamental importância. Águas turvas ou carregadas de partículas sólidas podem entupir a tubulação de alimentação e impedir a sua ação.

Os problemas operacionais encontrados usualmente são:
- entupimento dos tubos de água de lavagem;
- obstrução dos *splitters* por partículas muito grandes ou por insetos;
- variabilidade da vazão da alimentação;
- variabilidade da qualidade do minério;
- perda de partículas grosseiras no rejeito;
- má distribuição entre as espirais, devido ao mau funcionamento do distribuidor;
- ação das lamas (aumento da viscosidade da polpa, perda de partículas finas de concentrado);
- espaço para trabalhar e inspecionar as calhas: a opção de dispor três espirais no mesmo eixo e, com isso, triplicar a capacidade deve ser confrontada com a dificuldade de acesso e inspeção.

Diz-se, com razão, que o preço da paz é a eterna vigilância. Para a operação de espirais, isso significa a supervisão atenta e constante da operação.

5.2.5 Cone Reichert

Todas as modificações criativas descritas na seção anterior deram nova vida às espirais; porém, persistia o problema da pequena capacidade – com a introdução de até três calhas no mesmo eixo, a capacidade havia triplicado, mas ainda era pouco. No caso, por exemplo, de um minério de mineral pesado com teor médio de 500 g/m^3, isso significa que seria necessário processar 1,6 t de areia para extrair 0,5 kg! Ademais, seriam rejeitados 1.599,5 kg de areia ao final do processo.

Isto é regra com minerais pesados, minerais de aluvião e assemelhados: são necessárias enormes reduções de massa a cada etapa de beneficiamento. As quantidades rejeitadas são muito grandes. A solução é retirar a maior quantidade de rejeito tão logo seja possível, para diminuir a massa alimentada aos equipamentos de concentração. Note que não há preocupação com o teor do concentrado – que será apurado nas operações subsequentes. É necessário apenas reduzir a massa alimentada a essas operações, evitando perdas de valores nos rejeitos.

Para fazer essa enorme redução de massa sem preocupação com o teor do concentrado e tornar viável a utilização das espirais, o professor Reichert, no início da década de 1960, desenvolveu um novo equipamento: o cone que leva o seu nome (Fig. 5.18). Trata-se de um conjunto de calhas cônicas que funcionam segundo o princípio da calha estrangulada.

O elemento básico do equipamento é um cone construído de fibra de vidro com revestimento de borracha nas zonas de maior desgaste. Seu diâmetro é de 2 m e a inclinação, de 17°. Os cones são montados um sobre o outro, de tal maneira que o cone superior fica emborcado sobre o inferior.

Existem cones duplos e cones simples, como mostra a Fig. 5.19. Nos cones simples, o cone superior serve apenas de distribuidor da polpa, que sofrerá separação no cone inferior. Já nos cones duplos, o cone superior efetua alguma concentração. Como a relação de concentração em cada cone é baixa, são necessários muitos cones, como mostra a Fig. 5.18. O tamanho padrão tem seis cones.

O minério é alimentado ao cone superior (com o ápice para cima) do cone duplo e passa a escoar sobre ele. Os pesados afundam e passam a correr sobre a superfície do cone, enquanto os leves são arrastados pela água. Formam-se duas camadas de partículas: um filme de pesados escoando lentamente sobre o cone e uma camada de leves arrastada pela água, correndo rapidamente sobre o filme de leves.

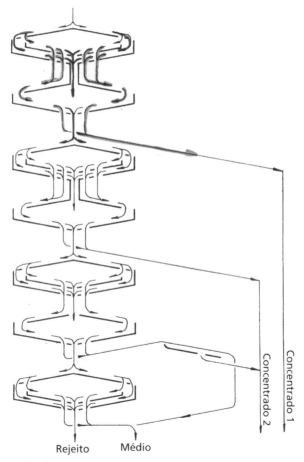

Fig. 5.18 Cone Reichert
Fonte: Reichert (s.n.t.).

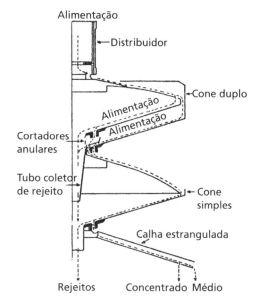

Fig. 5.19 Cones duplos e simples
Fonte: Reichert (s.n.t.).

Aberturas anulares separam o filme de pesados, enquanto a camada de leves passa rapidamente sobre a abertura. O filme de pesados cai, então, no cone inferior (com o ápice para baixo), e o processo é repetido, agora verdadeiramente numa calha estrangulada de 360°. Não há o efeito das paredes da calha, que perturba a separação nas calhas usuais. Outra abertura recolhe o filme de partículas pesadas que corre vagarosamente sobre a superfície do cone, enquanto as partículas leves, separadas nessa etapa, passam rapidamente por cima.

Em princípio, portanto, o cone duplo faz uma operação *rougher* e o simples, o seu *cleaner*. Em cada conjunto, o rejeito é final. Segue-se um cone simples, onde o cone superior atua apenas como distribuidor, como já foi assinalado, e o cone inferior funciona como a calha estrangulada.

Esse processo pode ser repetido algumas vezes. Em cada uma delas, há uma rejeição muito grande de massa, com as partículas pesadas sendo separadas e, então, encaminhadas a um circuito de espirais.

5.2.6 Mesas vibratórias

A mesa vibratória (Fig. 5.20) é outro equipamento dessa família. Trata-se de uma mesa inclinada e riflada. A água é alimentada na extremidade superior e arrasta as partículas sólidas na direção da extremidade inferior. Como nas calhas rifladas, as partículas pesadas depositam-se atrás dos rifles, enquanto as partículas leves passam sobre eles.

Adicionalmente, a mesa tem um movimento oscilatório na direção perpendicular à do fluxo d'água. A velocidade de volta é maior que a de ida (Fig. 5.21), de modo que as partículas retidas pelos rifles avançam sempre e são descarregadas ao fim da área riflada.

Fig. 5.20 Mesa vibratória

Ocorre então a separação final: as partículas mais pesadas são menos arrastadas pelo filme d'água, enquanto as partículas leves o acompanham. Dessa forma, o posicionamento de septos para separar os diferentes fluxos na posição em que eles deixam a mesa produz produtos pesados, leves, intermediários e lamas com boa qualidade de separação, comomostra a Fig. 5.22.

Fig. 5.21 Movimento da mesa
Fonte: Deurbrouck e Palowitch (1979).

Feita a descarga de minerais pesados concentrados, ao observar-se a mesa, é nítida a distribuição das partículas no tablado num formato de leque, em faixas perfeitamente individualizadas. A partir da esquerda, na primeira faixa, os minerais pesados finos, seguindo-se os pesados mais grosseiros. Uma terceira faixa composta de mistos de minerais pesados e minerais de ganga mais pesados ou mais grosseiros; a quarta faixa composta pelos rejeitos e, finalmente, uma quinta faixa de superfinos ou lamas, que pode não existir, dependendo das características do minério alimentado.

Fig. 5.22 Separação dos fluxos

Quando se trata de minério de ouro, a faixa mais à esquerda fica inteiramente dourada, o que chega a ser um problema para a segurança contra roubos. A mesa vibratória é um dos equipamentos que permitem ao operador maior nitidez visual do que está acontecendo no processo de concentração, facilitando ajustes no processo, que são muito simples. Basta deslocar os cortadores ou *splitters* que direcionam os produtos finais na descarga da mesa para, quase que instantaneamente, alterar a partição dos produtos e seus teores. Esta é uma razão suficiente para que as mesas ainda sejam utilizadas em operações que envolvem menores taxas de alimentação de minério, como na finalização da concentração de finos de cassiterita, rutilo, ouro etc. É razão suficiente também para ser o equipamento predileto em trabalhos de desenvolvimento de processo. Mesmo que a mesa não venha a ser o equipamento escolhido no futuro, as espirais modernas conseguem reproduzir o seu desempenho com precisão (exceto no acabamento).

As variáveis operacionais são a vazão de sólidos alimentada, a vazão de água, a inclinação da mesa, a amplitude e a frequência da vibração e o posicionamento dos septos. A combinação criteriosa dessas variáveis leva a separações muito precisas.

Para amplitude e frequência da vibração, Burt (1984) recomenda os valores indicados na Tab. 5.1.

Tab. 5.1 Condições operacionais recomendadas para a vibração de mesas vibratórias

	Amplitude (mm)	Frequência (rpm)
Minério grosso	12-25	260-300
Minério fino	8-20	280-320
Carvão	20-35	260-285

A grande desvantagem da mesa vibratória é a sua baixa capacidade, basicamente entre 50 e 300 (kg/h)/m² (com base nos dados apresentados por Mills, 1978). A produção é, portanto, diretamente proporcional à área ocupada, o que leva a equipamentos grandes e desajeitados. Burt (1984) fornece os dados da Tab. 5.2, para minérios com CC superior a 2,5, e comenta que o carregamento excessivo da mesa prejudica seriamente a eficiência da separação.

Mesas em dois *decks* foram utilizadas no carvão em Santa Catarina e no circuito de concentração final de Pitinga (AM) para minimizar esse problema.

Existem diferentes formatos de mesa (tablado) e diferentes configurações de riflado, cuja escolha dependerá da sua adequação à separação que se tem em vista. A Fig. 5.23 mostra os formatos básicos do tablado e dos rifles, e a Fig. 5.24, os tablados em que era fornecida a mesa Wilfley.

Tab. 5.2 Capacidades de mesas

Faixa granulométrica (µm)	Capacidades (t/h)
750-250	1,5-3
400-150	1-2
200-75	0,5-1
100-40	0,2-0,5

Além das mesas aproximadamente retangulares aqui mostradas, existem também mesas romboédricas, cujo movimento oscilatório é na direção da diagonal maior. A Fig. 5.25 compara os dois desenhos.

As espirais modernas, se bem operadas, fazem o mesmo trabalho que as mesas vibratórias, o que vem trazendo uma substituição gradativa.

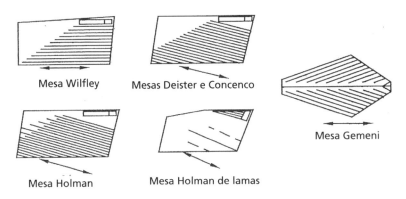

Fig. 5.23 Formatos básicos do tablado e disposição do riflado
Fonte: Sampaio e Tavares (2005).

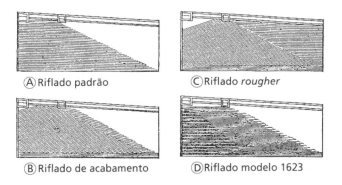

Fig. 5.24 Riflados da mesa Wilfley
Fonte: Taggart (1960).

5.2.7 Outros separadores

Existem outros separadores de lâmina d'água. Os rheolavadores têm uso exclusivo no beneficiamento de carvão e foram utilizados no passado, no Lavador de Capivari, em Tubarão (SC). O *multi-gravity separator* (MGS) usa a força centrí-

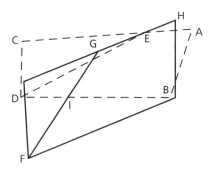

Fig. 5.25 Mesas retangulares e romboédricas (ou diagonais)
Fonte: Burt (1984).

fuga e, por isso, será estudado no Cap. 6, correspondente aos equipamentos centrífugos.

Palongs são calhas muito grandes utilizadas na concentração de cassiterita em depósitos *offshore*, no Sudeste Asiático. Por sua vez, *vanners* são calhas que correm sobre uma correia, a qual se movimenta no sentido oposto ao do fluxo e descarrega o concentrado continuamente.

Sampaio e Tavares (2005) fazem uma ampla descrição desses equipamentos, razão pela qual sua leitura é altamente recomendável.

5.3 Prática operacional

A exemplo do que ocorre com os jigues, os efeitos da presença de lamas na alimentação das mesas vibratórias são controversos. Em princípio, a mesa tem capacidade para fazer as partículas argilosas e limoníticas se desprenderem da superfície das partículas maiores, em decorrência da agitação imposta pelo movimento vibratório e da atrição com a superfície do *deck*. As lamas assim dispersas são arrastadas pela corrente de água sobre os rifles e separam na posição mais à esquerda da Fig. 5.22.

Nos demais equipamentos, a presença de lamas sempre aumenta a viscosidade da polpa e dificulta o afundamento das partículas pesadas. Como consequência, ocorrem perdas. Um dito muito sábio afirma que, num garimpo, a água para concentrar ouro deve ser tão boa que possa ser bebida. Isso é pura verdade, mas, infelizmente, não é o que se vê por aí.

Com relação ao modelo cuja descarga ocorre apenas ao final da calha, algumas espirais têm um dispositivo para descarregar a lama separadamente, ou seja, as partículas extremamente finas ficam numa camada de polpa superior a todas as demais e correm com velocidade superior à dos demais fluxos. Um septo horizontal colocado acima das saídas de pesados, médios e leves permite separá-las.

A Fig. 5.26, extraída do manual da Humphreys, apresenta as condições de operação de minérios de diferentes tamanhos. Os melhores resultados são verificados entre 35 e 100# (0,4 e 0,15 mm). A Fig. 5.27 mostra a recuperação *versus* a vazão alimentada à espiral de Humphreys.

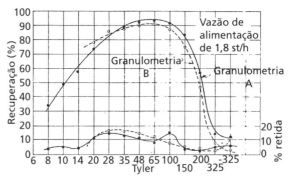

Fig. 5.26 Condições de operação de minérios de diferentes tamanhos
Fonte: Humphreys (s.d.).

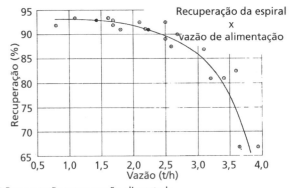

Fig. 5.27 Recuperação *versus* vazão alimentada
Fonte: Humphreys (s.d.).

A melhor orientação é sempre a experiência anterior. Em métodos gravíticos, a operação de usinas-piloto é o melhor orientador para o sucesso do dimensionamento da usina industrial.

Gaudin (1939) explica que, como resultado do mecanismo de separação, as partículas se arranjam, de baixo para cima, conforme a seguinte ordem:

- finas e pesadas;
- grossas pesadas e finas leves;
- grossas leves.

Para concluir, o referido autor recomenda a classificação prévia da alimentação.

Mills (1978) assinala que mesas de laboratório Deister 15-S ou Wilfley 13B têm uma capacidade nominal de 100 kg/h. Para mesas, calhas e *vanners*, a capacidade é grosseiramente proporcional à área. Uma mesa Deister 999 tem 16 vezes a área da mesa de laboratório. Sua capacidade será, então, de 1.600 kg/h.

Esse autor faz, ainda, as seguintes colocações:

1 A correta preparação da alimentação não é apenas desejável, mas quase sempre essencial. Vale para a separação em lâmina d'água. Para equipamentos menos sensíveis, como cones Reichert, calhas e espirais, o peneiramento para a eliminação do *oversize* e a deslamagem geralmente são suficientes.

2 O *oversize* contém não apenas partículas grosseiras, mas também material orgânico. O cone Reichert é especialmente sensível a raízes, que entopem os rasgos de separação. Nas espirais, partículas *pea sized* tendem a sedimentar e desviam o fluxo de polpa.

3 Quase sem exceção, a separação densitária a úmido é extremamente sensível à presença de lamas em excesso. Apesar de pequenas quantidades de material –400# serem geralmente aceitáveis, quantidades acima de 5% devem ser evitadas. Acima de 10%, causam sérios problemas, por duas razões:

♦ a mais séria é o aumento da viscosidade da polpa e, consequentemente, da precisão da separação;
♦ a segunda é que a escolha visual do ponto de corte nos *splitters* depende da boa visibilidade do leito de minério na mesa ou na calha.

4 Quase todas as separações densitárias têm uma diluição de polpa ótima (cones, 60%; espirais, 30%; mesas, 25%), e esses equipamentos são muito sensíveis a variações desses valores ótimos. Para acertar a porcentagem de sólidos, o mais prático é deixar a caixa de bomba transbordar. Somente lama ou partículas de minerais leves serão arrastadas, ou seja, a perda é seletiva.

5 Distribuidores rotativos de polpa tendem a alimentar intermitentemente os equipamentos, se o número destes for elevado. Nessa situação, distribuidores estacionários são mais vantajosos.

Os cones Reichert têm capacidade elevada – em princípio, 65 a 90 t/h de sólidos. Em casos excepcionais, no entanto, atingem 40 a 100 t/h. A diluição recomendada para a polpa de alimentação fica entre 55% e 70% de sólidos em peso.

Minérios mais ricos (maior teor de sólidos pesados) requerem diluições maiores (porcentagem de sólidos mais baixa).

Os cones aceitam partículas de até 3 mm, embora o tamanho máximo recomendado esteja entre 0,5 e 0,6 mm. A presença de finos é extremamente prejudicial – a recomendação de tamanho mínimo é de 0,02 mm. É usual a deslamagem da alimentação, pois as lamas aumentam a viscosidade da polpa, prejudicando a separação.

Veiga (2006) comenta que a velocidade do fluxo de polpa sobre a calha deve ser alta o suficiente para não permitir que a ganga sedimente e ocupe o espaço sobre o carpete destinado ao ouro, e baixa o suficiente para permitir que o ouro fino se deposite.

Ao aumentar-se a inclinação, aumenta-se a velocidade. O aumento da profundidade da calha (diminuindo a sua seção ou aumentando a vazão de polpa) também faz a velocidade aumentar. Alongar a calha também aumenta a velocidade, pois a polpa acelera-se da entrada até a saída. Para uma dada calha e alimentação constante, a velocidade ótima é determinada experimentalmente ao variar-se o ângulo de inclinação até encontrar a posição correta em que não haja deposição de ganga.

A vazão de alimentação precisa ser constante.

Minérios de ouro geralmente contêm partículas grossas e finas. Como o comportamento das partículas finas é diferente do comportamento das grossas, é recomendável utilizar calhas de estágios múltiplos, com inclinações diferentes, de modo a adequar a velocidade para cada granulometria.

Veiga (2006) registra que a alimentação ótima tem de 5% a 15% de sólidos. Porcentagens mais elevadas tornam a polpa muito viscosa e dificultam a sedimentação das partículas mais finas.

É importante lembrar sempre que as espirais de Reichert foram desenvolvidas como um pré-concentrador de minérios de areia de praia. Não têm a pretensão de fornecer o concentrado acabado, e o seu produto não é mais do que uma assembleia de minerais pesados, que precisarão ser separados numa etapa subsequente de separação magnética, eletrostática ou mesmo densitária.

Referências bibliográficas

AGRICOLA, G. *De re metallica*. New York: Dover Publ., 1950.

AKAFLEX IND. E COM. LTDA. Princípios fundamentais do processo e operação de espirais. *Catálogo*. São Paulo, [s.d.].

ARENARE, D. S.; ARAÚJO, A. C.; VIANA, P. R. M.; RODRIGUES, O. M. S. Revisiting spiral concentration as applied to iron ore beneficiation. *2nd International Symposium on Iron Ore*. São Paulo: ABM, 2000.

BURT, R. O. *Gravity concentration technology*. Amsterdam: Elsevier, 1984.

DEURBROUCK, A. W.; PALOWITCH, E. R. Hydraulic concentration, part 2 (Wet concentration of fine coal). In: LEONARD, J. W. *Coal preparation*. New York: AIME, 1979. cap. 10, p. 10-40 e ss.

GAUDIN, A. M. *Principles of mineral dressing*. New York: McGraw-Hill, 1939.

HUMPHREYS ENGINEERING CO. *Assembly and operating instructions* - single spirals or closed circuit test units. Denver, [s.d.].

MILLS, C. Process design, scale-up and plant design for gravity concentration. In: MULAR, A. L.; BHAPPU, R. B. *Mineral processing plant design*. New York: AIME/SME, 1978. p. 404-426.

MINERAL DEPOSITS, LTD. Spiral concentrators. *Catálogo*. [s.n.t.].

REICHERT MINING DIVISION. Cone concentrators. *Bulletin CCB 470*. [s.n.t.].

SAMPAIO, C. H.; TAVARES, L. M. M. *Beneficiamento gravimétrico*: uma introdução aos processos de concentração mineral e reciclagem de materiais por densidade. Porto Alegre: Editora da UFRGS, 2005.

TAGGART, A. F. *Handbook of mineral dressing*. New York: J. Wiley & Sons, 1960.

VEIGA, M. M. *Manual for training artisanal and small-scale gold miners*. Vienna: GEF/UNDP/UNIDO, 2006.

WILLS, B. A. *Mineral processing technology*. 2. ed. Oxford: Pergamon Press, 1981.

6 Separadores centrífugos

A Fig. 6.1 mostra a faixa de aplicação dos métodos densitários de concentração. Nota-se que eles são muito limitados para as frações mais finas, em razão da reologia das polpas, conforme já foi explicado em capítulos anteriores. A Fig. 6.2 mostra a queda de eficiência da separação de ouro em mesas, jigues e calhas conforme decresce a granulometria.

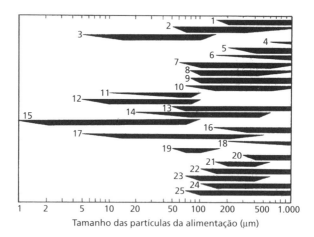

1. Peneiramento a úmidos
2. Classificador via úmidos
3. Ciclone
4. Tambor de meio denso
5. Ciclone de meio denso
6. Jigue
7. Mesa vibratória
8. Espiral
9. Cone
10. Calha
11. Berço
12. Mesa Mozley
13. Sep. magnético de baixa intensidade
14. Sep. magnético de alta intensidade
15. Sep. magnético alto
16. Flotação aglomerante
17. Flotação
18. Peneiramento a seco
19. Ciclone pneumático
20. Jigue pneumático
21. Mesa pneumática
22. Sep. magn. de baixa intensidade a seco
23. Sep. magn. de alta intensidade a seco
24. Separação eletrostática
25. Separação eletrodinâmica

Fig. 6.1 Limitações granulométricas dos diferentes processos
Fonte: Mills (1978).

6 Separadores centrífugos 133

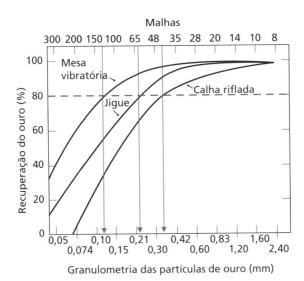

Fig. 6.2 Recuperação x granulometria

A Fig. 5.26 do capítulo anterior mostrou a recuperação em espirais de Humphreys *versus* a granulometria. Verifica-se que a recuperação é baixa para partículas mais grosseiras, por causa da limitação do processo de lâmina d'água, e que ela cai significativamente abaixo de 150#. Para partículas de 325#, a recuperação é de apenas 10%, ou seja, 90% das partículas dessa categoria são perdidas.

Uma das soluções para reverter essa situação é a aplicação do campo centrífugo. Uma partícula em movimento circular sofre a ação da força centrífuga, que é proporcional ao quadrado da sua velocidade, segundo:

$$F_c = \frac{mv^2}{R} \qquad (6.1)$$

onde F_c é a força centrífuga (gf); m é a massa da partícula (g); v é a sua velocidade (cm/s); e R é o raio do círculo em que ela gira (cm).

Uma partícula de 1 g, girando num raio de 1 m (100 cm) a 1 m/s (100 cm/s), terá uma força centrífuga de 100 gf. Ou seja, o seu peso foi multiplicado por 100!

Nota-se que a partir de determinado tamanho de partículas – aproximadamente 0,04 mm –, as velocidades de sedimentação tornam-se mais dependentes do tamanho do que da densidade das partículas. A aplicação do campo centrífugo permitirá que partículas finas com diferentes densidades (diferença superior a 0,5) apresentem velocidades de sedimentação suficientemente distintas, de forma a possibilitar uma separação eficiente, com boa nitidez de corte (teores de concentrados e rejeitos) e boa recuperação metalúrgica.

Vários equipamentos tiram vantagem dessa ação centrífuga. Os ciclones trabalham em campo centrífugo e são o equipamento mais familiar. No caso dos processos gravíticos, têm tido sucesso os separadores Knelson, Falcon, MGS e o jigue centrífugo. Outra vantagem seria a melhor seletividade na fração *near gravity* (Costa, 2002).

6.1 Separador Knelson (Lins et al., 1992)

Esse equipamento foi projetado para a separação de ouro fino, especialmente em minérios aluvionares e coluvionares. Ele consta de um cesto tronco-cônico vertical, que gira a rotações em torno de 600 rpm. Nessas condições, a força centrífuga é aproximadamente 60 vezes maior que o peso da partícula, o que é expresso como 60 g (aqui, o símbolo g refere-se à aceleração da gravidade, 9,8 m/s^2). A alimentação e a descarga de rejeito são contínuas. A descarga de concentrado é periódica, de modo que o equipamento precisa ser parado para a sua descarga, operação descontínua.

A Fig. 6.3 apresenta um esquema da construção do separador Knelson. A cesta é perfurada, como mostra a Fig. 6.4, para que possa ser introduzida água sob pressão, que mantém as partículas fluidizadas, impedindo o arraste mecânico tanto de leves para o produto pesado como de pesados para o produto leve (Fig. 6.5).

A água injetada de fora para dentro fluidiza o leito de partículas dentro da cesta. Dessa forma, o leito fica aberto e permite a passagem das partículas através dele.

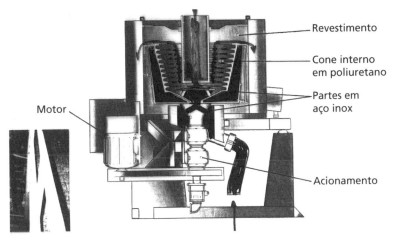

Fig. 6.3 Separador Knelson
Fonte: Knelson (s.n.t.).

O formato tronco-cônico da cesta faz com que o raio de giração seja diferente em cada anel. Como consequência, o campo centrífugo é diferente em cada um deles. Disso resulta que nos anéis inferiores concentram-se as partículas mais pesadas, isto é, as mais grosseiras e de maior peso específico, ao passo que, nos anéis superiores, partículas mais leves (mais finas ou de menor peso específico – não liberadas) podem ser recuperadas. Consegue-se com isso boa recuperação, mesmo das partículas mais finas (5 a 10 μm), e boa eficiência de separação.

O período de operação depende do teor de minerais pesados na alimentação. Para minérios pobres, ele fica entre 6 e 8 horas. As variáveis operacionais são a vazão de alimentação, a porcentagem de sólidos da alimentação (20% a 40% em peso)

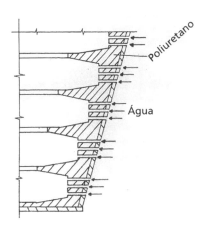

Fig. 6.4 Detalhe da cesta do separador Knelson
Fonte: Knelson (s.n.t.).

e a pressão da água de fluidização (Lins et al., 1992). A capacidade de operação para os vários modelos vai de 6 até 150 t/h. O tempo de operação depende da quantidade de pesados na alimentação. Portanto, quanto mais rico o minério, mais curto o ciclo. Para ouro, o período de operação fica em torno de 6 a 8 horas (Campos, 2001).

A alimentação é feita com 20% a 40% de sólidos (Costa, 2002). Há a tendência de recuperar as partículas maiores e de maior densidade nos anéis inferiores, e de recuperar partículas mais finas nos anéis superiores, onde o raio da cesta é maior (Lins et al., 1992).

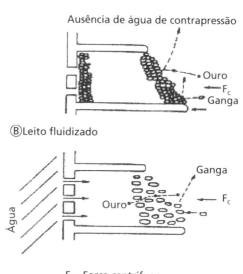

Fig. 6.5 Ação do leito fluidizado sobre a separação das partículas
Fonte: Lins et al (1992).

6.2 Concentrador Falcon (Lins et al., 1992)

A velocidade de rotação do concentrador Falcon é mais elevada (trabalha em torno de 300 g) que a do Knelson. Ele não tem anéis nem leito fluidizado (não usa água de contrapressão).

Trata-se de uma cesta cilindro-cônica que gira no interior de uma camisa fixa externa. A alimentação é feita pelo centro: os minerais pesados afundam no campo centrífugo e são retidos junto à cesta; os minerais leves passam sobre os minerais densos retidos e são descarregados no topo da cesta como rejeito. Para descarregar o aparelho, é necessário pará-lo (Fig. 6.6).

As variáveis operacionais são a porcentagem de sólidos, a vazão de alimentação, a granulometria da alimentação e o tempo de operação. As capacidades de operação para os vários modelos vão de 0,9 a 136 t/h. A geometria do rotor é crítica para o desempenho do equipamento. Em princípio, haveria um rotor com geometria ótima para cada tipo de minério (Lins et al., 1992).

O catálogo (Sepro, s.n.t.) oferece três modelos de separador Falcon: semicontínuo, contínuo e para superfinos. Todos eles usam

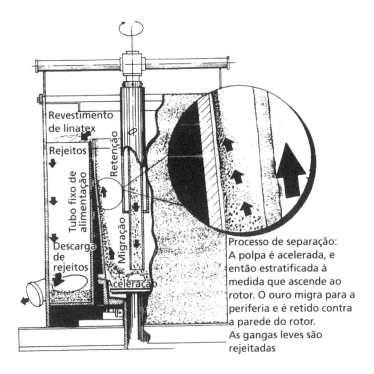

Fig. 6.6 Concentrador Falcon

um cesto girante para gerar o campo centrífugo, mas cada um tem sua solução para efetuar a separação dos produtos.

Os primeiros equipamentos não tinham o leito fluidizado e, por isso, falhavam, pelas baixas recuperações e pela compactação do leito. A introdução do leito fluidizado e do cesto tronco-cônico melhorou muito o desempenho, mas continuou apresentando perdas de ouro e compactação do leito, problemas que se tornavam mais graves com o aumento do diâmetro do cesto. A terceira geração utiliza um cesto em dois estágios e otimizou a fluidização do leito. Atualmente:

- ♦ atinge-se de 50 a 200 g;
- ♦ diminuiu-se o consumo de água para a fluidização;
- ♦ a operação é contínua.

Existe um modelo cuja operação é descontínua, que se torna interessante para minérios ultrafinos e pobres, ou para minerais pesados mais leves que o ouro. Modelos mais modernos têm operação contínua.

O modelo SB (*semi batch*) é o modelo original, com injeção de água de fluidização, e é assim designado porque recebe a alimentação continuamente durante o ciclo operacional, mas precisa descarregar o concentrado por meio da parada da máquina. O ciclo varia, conforme as características do minério, de alguns minutos a várias horas. A descarga do concentrado é rápida porque a máquina dispõe de freios para parar. No caso de minério pobre, o descarte de rejeito é muito grande, o que o torna atrativo como pré-concentrador ou como *scavenger*. A força centrífuga vai de 50 a 200 g. Sua aplicação típica é a recuperação de preciosos em circuitos fechados de moagem (os preciosos, por serem pesados, acumulam-se na carga circulante). A granulometria recomendada é de –10# (1,65 mm).

O modelo C é projetado para dar recuperações mássicas elevadas (da ordem de 40%), comparativamente ao modelo SB, ou para recuperar finos que não podem ser recuperados por equipamentos densitários convencionais. Não tem água de fluidização.

O modelo UF é projetado para separar partículas até 3 µm, o que demanda acelerações até 600 g. Seu uso principal é como *scavenger* de partículas ultrafinas perdidas nos processos densitários convencionais.

6.3 Multi-gravity separator (MGS) (Mozley; Hallewell; Turner, 1984)

O princípio de funcionamento do concentrador gravítico MGS reside na aplicação de força centrífuga combinada com movimentos longitudinais. É uma mesa vibratória operando no campo centrífugo.

O equipamento consiste num tambor levemente afunilado na extremidade fechada, próxima à saída do rejeito, com 0,6 m de comprimento e diâmetro médio de 0,5 m (de laboratório). O tambor é dotado de rifles, semelhante à mesa vibratória, aos quais se aplica um movimento de rotação no sentido horário, com velocidades que variam entre 140 e 300 rpm, produzindo um campo centrífugo que varia entre 6 e 24 g. O tambor também é submetido a uma oscilação senoidal na direção axial, com amplitude variável entre 12 e 25 mm e frequência entre 4 e 6 ciclos por segundo. O equipamento apresenta um conjunto de raspadores fixos dentro do tambor que giram no mesmo sentido deste, porém com uma velocidade levemente mais alta.

Nessas condições, uma partícula de 2 µm teria, no campo centrífugo, o mesmo comportamento de uma partícula de 45 µm com mesma densidade no campo gravitacional.

A polpa é alimentada de forma contínua na parte central longitudinal do tambor e distribuída internamente através de um anel acelerador. A água de lavagem também é adicionada próximo à extremidade aberta do tambor.

A Fig. 6.7 apresenta um esquema do funcionamento do MGS.

A separação das partículas pesadas das leves ocorre pela ação da força centrífuga, juntamente com o efeito de cisalhamento provocado pelo efeito oscilatório. As partículas pesadas afundam

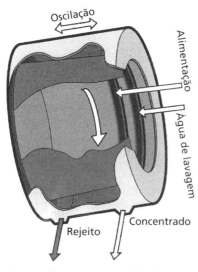

Fig. 6.7 Diagrama esquemático do MGS

no campo centrífugo, formando uma camada compacta junto às paredes do tambor. Essa camada é transportada pelos raspadores até a extremidade aberta do tambor, sendo então descarregada na calha de concentrado. As partículas leves flutuam no campo centrífugo e são transportadas em contracorrente pelo fluxo da água de lavagem até a outra extremidade do tambor e, então, descarregadas na calha de rejeito.

As variáveis mais importantes que governam a operação são:

- *velocidade de rotação*: mantidas constantes as demais variáveis, um aumento na velocidade de rotação do tambor aumenta a vazão de sólidos a serem tratados e a recuperação em massa de minerais pesados, mas reduz o teor do concentrado. A velocidade é controlada de acordo com a diferença de densidade dos minerais úteis e dos minerais de ganga;
- *oscilação*: tem por objetivo fornecer às partículas uma ação cisalhante adicional durante o processo de concentração (forças de Bagnold). Os melhores resultados são obtidos associando-se alta frequência com baixas amplitudes e vice-versa;
- *ângulo de inclinação do tambor*: é o ângulo formado pelo eixo do tambor, e a horizontal pode variar de 0° a 5°. Esse ângulo depende das características do minério a ser tratado. Um aumento nesse ângulo implica um aumento da vazão de minério e um decréscimo da recuperação de minerais pesados;

- *água de lavagem*: é adicionada na extremidade aberta da descarga do tambor e tem como função retirar as partículas de ganga que foram arrastadas mecanicamente pelo concentrado. É uma variável importante na obtenção do teor no concentrado, e sua quantidade depende da densidade da polpa.

A Fig. 6.8 mostra a montagem do MGS. Existem modelos duplos.

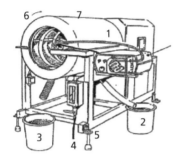

1. Alimentação
2. Rejeito
3. Concentrado
4. Água de lavagem
5. Inclinação do tambor
6. Rotação
7. Oscilação

Fig. 6.8 Montagem do MGS

6.4 Jigue centrífugo (Geologics, s.n.t.)

Este equipamento funciona como um jigue em campo centrífugo. Combina, pois, a pulsação e consequente separação em leito com a força centrífuga, que pode variar de 30 a 200 g.

O jigue centrífugo foi desenvolvido inicialmente para a concentração de minerais pesados de areia de praia. Para esse tipo de minério, a recuperação reportada é superior a 90% (80% -53 μm), com teor no concentrado de 88% de minerais pesados.

A Fig. 6.9 mostra um esquema desse equipamento.

As variáveis operacionais são a rotação (entre 30 e 45 rpm), a vazão de água de

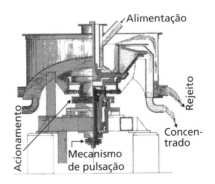

Fig. 6.9 Jigue Kelsey

jigagem, a pulsação dessa injeção e a porcentagem de sólidos da alimentação (25% a 40%).

A alimentação da polpa é feita entre 25% e 40% de sólidos (Costa, 2002).

Referências bibliográficas

CAMPOS, A. R. *Dessulfuração de finos de carvão de Santa Catarina por concentradores centrífugos*. Tese (Doutorado) – Escola Politécnica da USP, São Paulo, 2001.

COSTA, J. H. B. *Concentração de minerais com jigue centrífugo Kelsey*. Dissertação (Mestrado) – Escola Politécnica da USP, São Paulo, 2002.

GEOLOGICS PTY LTD. The Kelsey centrifugal jig. *Catálogo*. [s.n.t.].

KNELSON GOLD CONCENTRATORS INC. *Report summaries*. [s.n.t.].

LINS, F. A. F.; COSTA, L. S. N.; DELGADO, O. C.; GUTIERREZ, J. M. *Concentrador centrífugo*: revisão, aplicações e potencial. Rio de Janeiro: Cetem, 1992. (Série Tecnologia Mineral, n. 55).

MILLS, C. Process design, scale-up and plant design for gravity concentration. In: MULAR, A. L.; BHAPPU, R. B. *Mineral processing plant design*. New York: AIME/SME, 1978. p. 404-426.

MOZLEY, R.; HALLEWELL, M. P.; TURNER, J. W. G. A new gravity concentrator to enhance fine flotation performance. In: ROBERTS, N. J. (Ed.). *International minerals and methods technology*. Londres: Sterling Publ., 1984.

SEPRO MINERAL SYSTEMS. Falcon concentrators. *Catálogo*. [s.n.t.].

7 Partição

7.1 Conceito de partição

Um carvão é beneficiado em separador densitário. As curvas de lavabilidade da alimentação e dos produtos são apresentadas na Tab. 7.1.

Tab. 7.1 Curvas de lavabilidade da alimentação e dos produtos (% em massa)

Densidade	−1,4	+1,4 −1,5	+1,5 −1,55	+1,55 −1,6	+1,6 −1,7	+1,7 −1,8	+1,8 −1,9	+1,9 −2,0	+2,0
Alimentação	22,1	6,4	2,5	2,4	5,4	4,5	5,9	8,0	43,2
Flutuado	64,1	15,5	6,0	4,4	5,1	1,8	1,6	0,5	0,9
Afundado	1,7	1,0	1,4	1,9	6,6	7,0	8,7	12,3	59,3

O balanço de massas resulta em 214,8 t/h de flutuado e 164,2 t/h de afundado para uma alimentação de 379 t/h. Ao calcular-se o balanço de massas dessa separação, obtêm-se os valores mostrados na Tab. 7.2.

Tab. 7.2 Balanço de massas

Densidade	−1,4	+1,4 −1,5	+1,5 −1,55	+1,55 −1,6	+1,6 −1,7	+1,7 −1,8	+1,8 −1,9	+1,9 −2,0	+2,0	Total
Alimentação (%)	22,1	6,4	2,5	2,4	5,4	4,5	5,9	8,0	43,2	100
(t/h)	140,5	35,1	15,2	12,7	21,8	15,3	17,8	21,2	99,4	379,0
Flutuado (%)	64,1	15,5	6,0	4,4	5,1	1,8	1,6	0,5	0,9	100
(t/h)	137,7	33,4	12,9	9,5	10,9	3,8	3,5	1,1	2,0	214,8
Afundado (%)	1,7	1,0	1,4	1,9	6,6	7,0	8,7	12,3	59,3	100
(t/h)	2,8	1,7	2,3	3,2	10,9	11,5	14,3	20,2	97,4	164,2

Define-se partição como a relação (t/h afundado)/(t/h alimentação), calculada por fração densitária, conforme mostrado na Tab. 7.3.

Tab. 7.3 CÁLCULO DA PARTIÇÃO

Densidade	−1,4	+1,4 −1,5	+1,5 −1,55	+1,55 −1,6	+1,6 −1,7	+1,7 −1,8	+1,8 −1,9	+1,9 −2,0	+2,0	Total
Alimentação (t/h)	140,5	35,1	15,2	12,7	21,8	15,3	17,8	21,2	99,4	379,0
Flutuado (t/h)	137,7	33,4	12,9	9,5	10,9	3,8	3,5	1,1	2,0	214,8
Afundado (t/h)	2,8	1,7	2,3	3,2	10,9	11,5	14,3	20,2	97,4	164,2
Partição (%)	2,0	4,8	15,1	25,2	50,0	75,2	80,3	95,3	98,0	43,3

A partição representa, portanto, a porcentagem de massa, dentro de cada fração densitária, que vai para o afundado. Esse conceito foi estabelecido por Tromp, pesquisador holandês, em 1937 (Tromp, 1937). A "curva de Tromp" é chamada na Europa de "curva de partição" e, nos Estados Unidos, de "curva de distribuição". Ambos os termos são consagrados.

7.1.1 Separação densitária como um fenômeno probabilístico

Um aparelho de separação densitária, ao separar numa densidade pré-fixada, efetua uma operação que basicamente consiste em encaminhar as partículas mais leves que essa densidade ao flutuado, e as partículas mais pesadas ao afundado.

Repetindo uma explicação dada em comunicação pessoal pelo mestre A. C. Girodo nos idos de 1975, consideremos um minério ideal, o *esquisito*, portador do elemento ideal, o *Extrânio*, de símbolo Ex. Os ensaios de afunda-flutua feitos com o referido minério levaram aos resultados mostrados na Tab. 7.4.

Tab. 7.4 CURVA DE LAVABILIDADE DO "ESQUISITO"

Densidade	−2,7	+2,7−2,8	+2,8−2,9	+2,9−3,0	+3,0−3,1	+3,1
% massa	10	20	10	35	20	5
% Ex flutuado	0	10	20	30	35	40
% Ex afundado	0	26	31	32,5	36	40

Segundo essa tabela, separar perfeitamente em $\rho_p = 2,9$ corresponde a encaminhar ao flutuado as frações –2,7, +2,7–2,8 e +2,8–2,9, e em encaminhar ao afundado as frações +2,9–3,0, +3,0–3,1 e +3,1. Resultariam, então:

a) massas: flutuado = 10 + 20 + 10 = 40%
   afundado = 35 + 20 + 5 = 60%

b) teores: flutuado = (10×0 + 20×10 + 10×20) / 40 = 10% Ex
   afundado = (35×30 + 20×35 + 5×40) / 60 = 33% Ex

Ou seja, na separação perfeita ou ideal, teríamos 40% de flutuado com 10% Ex e 60% de afundado com 33% Ex.

Essa visão, entretanto, não corresponde à realidade. Considere-se uma partícula de densidade ρ_p, exatamente igual à do meio de separação. Ela irá para o afundado ou para o flutuado?

Na realidade, para essa partícula é indiferente ir para qualquer uma dessas populações, mas ela não ficará em suspensão eternamente... Por isso, ela se distribuirá em partes iguais entre afundado e flutuado.

Em termos probabilísticos, podemos dizer que a probabilidade de uma partícula de densidade ρ_p flutuar ou afundar é de 50%. Estendendo o raciocínio para cada uma das partículas presentes, quaisquer que sejam as suas densidades, podemos imaginar que exista uma probabilidade de afundar ou flutuar associada a cada uma delas. Parece evidente que, quanto mais pesada for a partícula, maior será a sua probabilidade de afundar, e que, quanto mais leve, maior a sua probabilidade de flutuar.

Existiria, pois, uma distribuição de probabilidades associada a cada processo de separação densitária. Estudos extensivos iniciados por Terra em 1938 (Terra, 1954) e levados a cabo pela equipe do extinto Bureau of Mines americano (anos 1960) levaram à conclusão de que isso é verdade e de que, para os aparelhos de meio denso, essa distribuição segue uma lei normal (distribuição de Gauss), e para os demais aparelhos de separação densitária, uma lei log-normal (os valores não seguem a lei normal, mas sim os seus logaritmos).

7.1.2 Distribuições de probabilidades

Existem várias distribuições de probabilidades, como as duas já citadas e a distribuição de Poisson, que, entre outras coisas, representa a frequência de relâmpagos numa tempestade. A mais familiar é a distribuição normal ou de Gauss, mostrada na Fig. 7.1. Como as demais, ela é caracterizada por dois parâmetros:

- um valor central: média ($\bar{x}$), mediana (x_{50}) ou moda (X), que, nesse caso, coincidem (a distribuição de Poisson é assimétrica, razão pela qual os valores são diferentes). Vale lembrar que mediana é o valor correspondente à probabilidade de 50%, e moda, à maior probabilidade;
- uma medida de dispersão, que, no caso, é o desvio padrão. O significado desse parâmetro é que o intervalo $\bar{x} \pm \sigma$ compreende 68,2% da população; o intervalo $\bar{x} \pm 2\sigma$ compreende 95,4% da população; e o intervalo $\bar{x} \pm 3\sigma$ compreende 99,7% da população. Aumentando o desvio padrão, aumenta a dispersão da população.

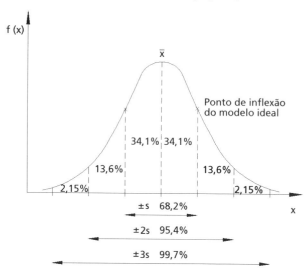

Fig. 7.1 Forma típica de uma distribuição normal
Fonte: Chieregati e Pitard (2012).

Existe outra representação, a curva normal acumulada, que tem a forma de um S. É a forma mostrada nas demais figuras deste capítulo.

Outra distribuição de probabilidades muito importante em Tratamento de Minérios é a distribuição log-normal. Nela, embora os parâmetros medidos não tenham uma distribuição normal, seus logaritmos a têm.

A separação será, então, caracterizada por uma curva como a representada na Fig. 7.2. A curva interrompida (tracejada) representa a separação ideal (como a do exemplo do "esquisito"), que flutua *todas* as partículas mais leves que $\rho_{50} = \rho_P$ e afunda *todas* as partículas mais pesadas. A curva contínua representa a separação num equipamento real, onde cada partícula tem uma dada probabilidade de flutuar.

Além do desvio padrão, existem outras medidas de dispersão. Na Estatística Descritiva, que é a que se preocupa com o registro e a análise de eventos já ocorridos, é muito comum dividir a probabilidade em 4 quartas partes – os "quartis". É o que se mostra na Fig. 7.3 – um quartil superior, um quartil inferior e dois quartis centrais. Esse procedimento é usual em pesquisas de mercado baseadas em critérios socioeconômicos: as pessoas de uma sociedade são divididas em classes A, B, C e D em função da renda familiar, da disponibilidade de eletrodomésticos ou de outro critério socioeconômico.

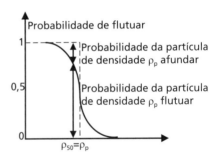

Fig. 7.2 Representação probabilística da separação

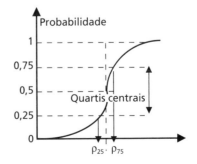

Fig. 7.3 Medida da dispersão por quartis

A distância entre as densidades correspondentes a 75% e a 25% de probabilidade, isto é, $\rho_{75} - \rho_{25}$, é chamada de distância interquartis central, e é outra medida de dispersão – quanto maior ela for, mais inclinada (em relação à vertical) será a curva de probabilidades.

Define-se desvio provável como a metade da distância interquartis central:

$$\text{desvio provável} = E = \frac{\rho_{75} - \rho_{25}}{2} \qquad (7.1)$$

Para a distribuição normal, σ e E relacionam-se mediante E = 0,6745 σ.

7.2 Modelo de Terra para as curvas de partição

Se considerarmos o conceito probabilístico apresentado na seção anterior, a curva de partição representa, então, a probabilidade (ou, mais precisamente, a esperança matemática) de uma partícula dentro daquela fração dirigir-se ao afundado.

Quem primeiro se preocupou com isso foi um francês chamado Terra, em 1932 (Terra, 1954). Seus estudos somente foram revistos na década de 1970, pelo extinto Bureau of Mines americano. Hoje se aceita que a partição dos equipamentos de separação densitária segue uma distribuição normal para os aparelhos de meio denso e log-normal para os demais equipamentos, e que:

- aparelhos de meio denso: lei normal, $E = I \cdot \rho_p$;
- outros aparelhos (jigues, mesas, calhas etc.): lei log-normal, $E = I \cdot (\rho_p - 1)$.

Ou seja, a inclinação da curva de partição cresce com o aumento da densidade de corte (Fig. 7.4). Esse crescimento é diretamente proporcional a ρ_p para os equipamentos de meio denso e diretamente proporcional a $(\rho_p - 1)$ para os demais equipamentos (1 é a densidade da água). I é uma constante para cada equipamento e recebe o nome de imperfeição do aparelho. A Tab. 7.5 relaciona os valores de I ou de E para vários equipamentos de separação.

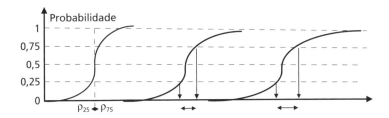

Fig. 7.4 Variação de E com ρ_p

Tab. 7.5 Parâmetros dos equipamentos de separação

Equipamento	Imperfeição	Desvio provável	Observação
Meio denso	0,05	–	–
	0,003 a 0,040	–	–
	–	0,02 a 0,03	Carvão grosso
	–	0,03 a 0,05	Carvão fino
Jigue Harz	0,08 a 0,012	0,04 a 0,13	Moderno
	0,12 a 0,18	–	Antigo
Jigue Baum	–	0,052 a 0,169	–
	0,10 a 0,15	–	Leito de feldspato
	0,15 a 0,25	–	Idem, finos
Jigue Batac	0,10 a 0,15	0,15	Grossos
	0,20 a 0,25	–	Finos
Mesas vibratórias	0,13 a 0,18	0,074 a 0,115	–
Reolavador	0,15 a 0,30	–	–
Ciclone de meio denso	–	0,007 a 0,043	–
Dyna whirlpool	–	0,025 a 0,058	–

Na realidade, essas imperfeições/desvios prováveis variam com a fração granulométrica que está sendo processada. A Fig. 7.5 mostra como esses parâmetros se relacionam para os diferentes equipamentos utilizados no tratamento do carvão.

É importante ressaltar que, nessas ideias, a separação executada por um equipamento densitário independe das características do carvão – ou de qualquer outro minério – que esteja sendo alimentado. A curva de partição desse aparelho é função apenas da sua imperfeição e da densidade de corte que esteja sendo utilizada.

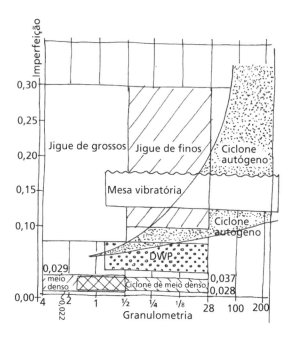

Fig. 7.5 Imperfeição x granulometria

A dificuldade prática de trabalhar com o modelo de Terra é que a curva de Gauss é o exemplo clássico de equação não integrável. Com o advento dos computadores, essa dificuldade foi solucionada com a utilização de séries numéricas capazes de representar a área sob a curva (valor da integral). Antigamente, a solução era recorrer ao cálculo gráfico.

A Fig. 7.6 é uma folha de papel de probabilidade. Nela, a escala das abscissas (x) é uma escala linear, e a escala das ordenadas (y), uma escala de probabilidades. Esta foi anamorfoseada, isto é, deformada de tal maneira que uma distribuição de probabilidades traçada a partir dela resulta num segmento de reta (é a mesma coisa que se faz no papel logarítmico).

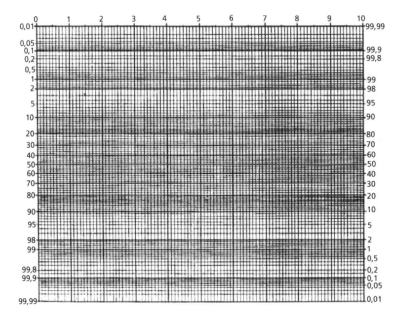

Fig. 7.6 Papel de probabilidade

A escala dos x será usada para representar as frações densitárias (obtidas da curva de lavabilidade), e a escala dos y, para representar a probabilidade de flutuar ou afundar (eventos complementares), ou, mais precisamente, a partição de cada fração densitária.

Coloca-se novamente o problema de qual densidade representa a fração densitária: a densidade média da faixa? qual das médias: a aritmética ou a geométrica? a menor densidade da faixa? a densidade mais elevada da mesma faixa?

As opiniões divergem e, assim, cada especialista tem a sua própria prática. O fundamental é usar sempre o mesmo critério e saber interpretá-lo. Utilizaremos aqui a média aritmética da fração densitária como densidade média da faixa.

No exemplo do mestre Girodo, o "esquisito", portador do elemento ideal – o *Extrânio* –, tem a seguinte curva de lavabilidade, já mostrada na Tab. 7.4:

Densidade	–2,7	+2,7–2,8	+2,8–2,9	+2,9–3,0	+3,0–3,1	+3,1
% massa	10	20	10	35	20	5
% Ex flutuado	0	10	20	30	35	40
% Ex afundado	0	26	31	32,5	36	40

A separação ideal em $\rho_p = 2,9$ resultou em:

a] massas: flutuado = 10 + 20 + 10 = 40%

afundado = 35 + 20 + 5 = 60%

b] teores: flutuado = (10×0 + 20×10 + 10×20) / 40 = 10% Ex

afundado = (35×30 + 20×35 + 5×40) / 60 = 33% Ex

Simulemos agora a separação real que ocorreria na mesma densidade num aparelho de meio denso de imperfeição I = 0,05. A curva de partição dessa separação obedece à lei de Gauss.

$E = I \cdot \rho_p = 0,05 \times 2,9 = 0,145$

Resultam: $\rho_{75} = \rho_p + 0,145 = 2,9 + 0,145 = 3,045$; e

$\rho_{25} = \rho_p - 0,145 = 2,9 - 0,145 = 2,755$.

Para utilizar o papel de probabilidade (Fig. 7.6), temos de construir uma escala de densidades arbitrária no eixo dos x. Deve-se cuidar para que a reta traçada não fique muito inclinada em nenhum dos sentidos, pois poderão ocorrer erros de leitura (Fig. 7.7).

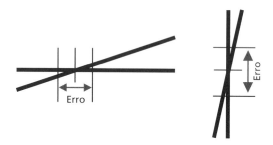

Fig. 7.7 Erros de leitura

Construindo a curva de partição a partir dos valores de ρ_{75} e ρ_{25} (na realidade, temos também um terceiro ponto, que é o correspondente a ρ_{50}), obtemos o segmento de reta mostrado na

Fig. 7.8. Ao marcarmos as densidades médias de cada fração densitária e lermos as partições correspondentes, obtemos os valores mostrados na Tab. 7.6.

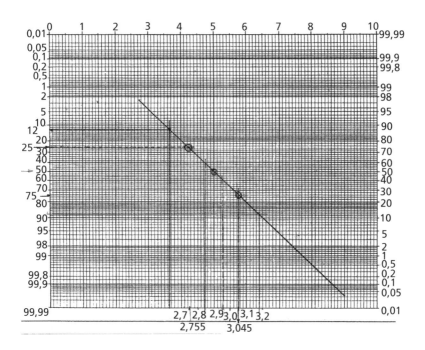

Fig. 7.8 Curva de partição

Tab. 7.6 Valores lidos no gráfico da Fig. 7.8

Densidade	−2,7	+2,7−2,8	+2,8−2,9	−2,9+3,0	−3,0+3,1	+3,1
Probab. afundar	12	25	40	60	76	88
Probab. flutuar	88	75	60	40	24	12

Para fazer um balanço de massas, é necessário transformar os valores da curva de lavabilidade (%) em vazões (t/h). Para tanto, vamos adotar a base 100 t/h. Os números são os mesmos da curva de lavabilidade, mas o significado é totalmente diferente: os primeiros são porcentagens, e os segundos, vazões. Com vazões (t/h) podemos fazer balanços de massas; com porcentagens (%), não! Ao multiplicarmos a vazão em cada fração densitária pela probabilidade de afundar, teremos a esperança matemática da vazão que irá para o afundado. A diferença entre a vazão alimentada e a vazão afundada é a vazão flutuada, o que completa o balanço, conforme a Tab. 7.7.

Tab. 7.7 Simulação do balanço de massas

Densidade	−2,7	+2,7 −2,8	+2,8 −2,9	−2,9 +3,0	−3,0 +3,1	+3,1	Total
% massa	10	20	10	35	20	5	100%
t/h alimentadas	10	20	10	35	20	5	100 t/h
Partição	12	25	40	60	76	88	-
t/h afundadas	1,2	5,0	4,0	21,0	15,2	4,4	50,8 t/h
t/h flutuadas	8,8	15,0	6,0	14,0	4,8	0,6	49,2 t/h

A curva de lavabilidade proporcionou uma informação adicional, que é o teor de Ex de cada fração densitária:

Densidade	−2,7	+2,7−2,8	+2,8−2,9	−2,9+3,0	−3,0+3,1	+3,1
% Ex	0	10	20	30	35	40

Podemos, então, calcular os teores do afundado e do flutuado, ponderando os teores pelas respectivas massas:

$$\% \text{ Ex no afundado} = \frac{1,2 \times 0 + 5,0 \times 10 + 4,0 \times 20 + 21,0 \times 30 + 15,2 \times 35 + 4,4 \times 40}{50,8} = 28,9\%$$

$$\% \text{ Ex no flutuado} = \frac{8,8 \times 0 + 15,0 \times 10 + 6,0 \times 20 + 14,0 \times 30 + 4,8 \times 35 + 0,6 \times 40}{49,2} = 17,4\%$$

Ao compararmos esses valores com os calculados na separação perfeita, temos:

Separação	t/h afundado	% Ex afundado	t/h flutuado	% Ex afundado
Perfeita	60	40	32,5	10,0
Real	50,8	49,2	28,9	17,4

Existem, portanto, diferenças significativas entre as duas separações!

Simulemos agora um caso real: 242 t/h de carvão do Leão (Minas do Leão, RS), fração +12 mm, em tambor de meio denso. A densidade de corte é 1,9 e a imperfeição desse equipamento é 0,05. A curva de lavabilidade é dada pelos valores mostrados na Tab. 7.8.

Tab. 7.8 Curva de lavabilidade (carvão do Leão +12 mm)

Fração	−1,4	+1,4–1,5	+1,5–1,55	+1,55–1,6	+1,6–1,7	+1,7–1,8	+1,8–1,9	+1,9–2,0	+2,0
% massa	22,1	6,4	2,5	2,4	5,4	4,5	5,9	8,0	42,8
% cinzas	23,5	30,7	33,0	35,9	38,4	43,6	53,8	67,2	79,6

Comecemos com a curva de partição:

$E = I \cdot \rho_p = 0,05 \times 1,9 = 0,095$

Resultam: $\rho_{75} = \rho_p + 0,095 = 1,9 + 0,095 = 1,995$; e

$\rho_{25} = \rho_p - 0,095 = 1,9 - 0,095 = 1,805$.

A curva é a mostrada na Fig. 7.9. Construímos, então, a planilha mostrada na Tab. 7.9, após transformar as porcentagens em massa em vazões.

Tab. 7.9 Valores calculados

Fração	−1,4	+1,4 −1,5	+1,5 −1,55	+1,55 −1,6	+1,6 −1,7	+1,7 −1,8	+1,8 −1,9	+1,9 −2,0	+2,0	Totais
% massa	22,1	6,4	2,5	2,4	5,4	4,5	5,9	8,0	42,8	100,0
% cinzas	23,5	30,7	33,0	35,9	38,4	43,6	53,8	67,2	79,6	55,5
t/h	53,5	15,5	6,1	5,8	13,1	10,9	14,3	19,4	103,4	242
Partição	100	99,9	99,6	98,9	96	86	65	36	2,6	-
t/h flutuado	53,5	15,3	6,0	5,7	12,6	9,4	9,3	7,0	2,7	121,5
t/h afundado	0	0,2	0,1	0,1	0,5	1,5	5,0	12,4	100,7	120,5

Ao ponderarmos as massas das frações densitárias de afundado e flutuado pelos respectivos teores de cinzas, obtemos os teores de cinzas do afundado e do flutuado:

- % cinzas do flutuado = 34,6%;
- % cinzas do afundado = 76,5%.

156 Teoria e prática do Tratamento de Minérios – Separação densitária

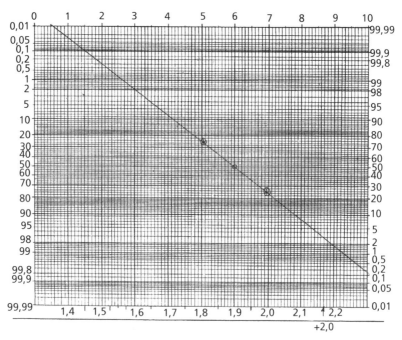

Fig. 7.9 Curva de partição

O balanço dessa operação pode, então, ser esquematizado como mostrado na Fig. 7.10.

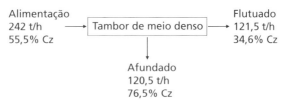

Fig. 7.10 Balanços calculados

Ao se trabalhar com jigues e cálculo gráfico – distribuição log-normal (Fig. 7.11), verifica-se que os três pontos referentes a ρ_{25}, ρ_{50} e ρ_{75} não ficam alinhados como deveriam estar se o modelo de Terra fosse obedecido fielmente. Esse gráfico é do Cerchar, extinto Centre d'Etudes et Recherches du Charbon (Ouyahia, 1952). Os próprios franceses verificaram que isso não acontecia e adotaram o procedimento de definir no papel log-probabilidade a reta de partição pelo ponto correspondente a ρ_p e a direção definida por ρ_{25} e ρ_{75} (Fig. 7.11).

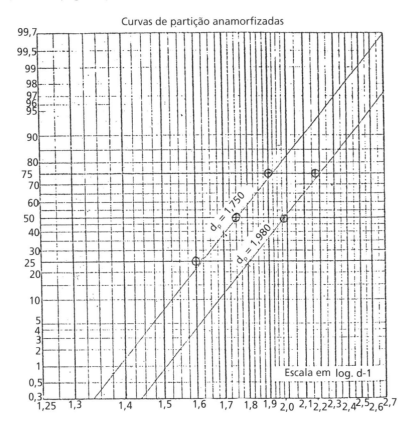

Fig. 7.11 Curva de partição
Fonte: Ouyahia (1952).

7.3 Modelo do USBM

O modelo de Terra foi aceito e aplicado sem restrições de 1938 até a década de 1970. Nesta ocasião, ocorreu o embargo do petróleo pelos países da Organização dos Países Exportadores de Petróleo (Opep), e a escassez desse combustível levou à retomada do carvão como sucedâneo. Nos Estados Unidos, o maior país consumidor e poluidor, ressurgiu o interesse pela arte de beneficiar carvões. Visava-se não apenas à economia do processo (máxima recuperação), como também minimizar as emissões de gases sulfurosos e o descarte de rejeitos. No âmbito dos importantes e significativos trabalhos de pesquisa tecnológica desenvolvidos naquela época, o modelo de Terra foi cuidadosamente investigado e revisto pelos técnicos do Bureau of Mines (USBM). A primeira correção feita foi estabelecer uma lei para os equipamentos de meio denso e outra para os jigues e correlatos (Terra admitira uma lei única). Além disso, eles verificaram que:

1   E varia com a faixa granulométrica que está sendo processada;
2   E varia com ρ_p. Como consequência, as separações em densidades baixas são mais precisas que as separações em densidades mais elevadas;
3   numa mesma separação, ρ_p varia com a granulometria;
4   I deixa de ser constante para aparelhos de meio denso; portanto, a previsão de resultados (p. ex., em ciclones de meio denso) a densidades elevadas pode falhar, se baseada em levantamentos feitos em densidade inferior.

Os trabalhos examinaram o comportamento da curva de partição de diferentes equipamentos e carvões. Sosaski, Jacobsen e Geer (1963) estudaram jigues; Deurbrouck e Palowitch (1963), mesas vibratórias; Hudy (1968), vasos de meio denso; Deurbrouck e Hudy (1972), ciclones de meio denso; e Deurbrouck (1974), ciclones autógenos. O tratamento dos dados é mostrado na Fig. 7.12: as curvas de partição dos ensaios individuais são plotadas em função da densidade. Os mesmos dados são plotados, na Fig. 7.13, em função das densidades divididas pela densidade de corte. As curvas convergem para uma única curva, a *reduced distribution curve*, expressão que o professor Paulo Abib traduziu por "curva padrão de partição".

Em 1972, Deurbrouck e Hudy trabalharam em condições restritas (Deurbrouck; Hudy, 1972); em 1977 e 1978, Gottfried e Jacobsen estenderam esse estudo para diferentes carvões e usinas,

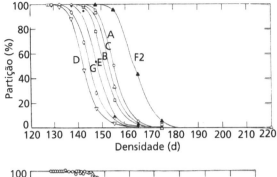

Fig. 7.12 Curvas de partição de separações individuais em ciclones de meio denso

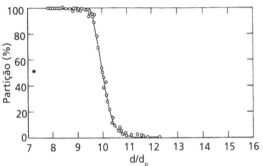

Fig. 7.13 Curvas de partição das separações da Fig. 7.12 plotadas em função de d/d_p

e puderam demonstrar a existência de uma curva única de partição, em termos de ρ/ρ_p (Gottfried; Jacobsen, 1977; Gottfried, 1978). Estavam criadas as *generalized distribution curves*, que traduzimos livremente por "curvas padrão de partição", uma para cada equipamento.

Esse modelo foi estendido para cones de areia (Jowett, 1986). Como curiosidade, registramos que dois pesquisadores brasileiros demonstraram a validade do referido modelo para DWP (Chaves; Possa, 1982).

Logo, porém, os pesquisadores do USBM perceberam a limitação de se trabalhar com curvas, em razão dos erros do cálculo gráfico. Eles tabelaram as curvas padrão de partição e as transformaram em séries numéricas, uma série para cada fração granulométrica e para cada equipamento. A Tab. 7.10 é um exemplo de parametrização dessas curvas – no caso, para ciclones de meio denso. Foram também determinados os valores da imperfeição dos diferentes aparelhos para as diferentes frações granulométricas, como é mostrado na Tab. 7.11.

Tab. 7.10 PARAMETRIZAÇÃO DA CURVA DE PARTIÇÃO (CICLONES DE MEIO DENSO TRATANDO CARVÃO −3/4"+28#)

Fração	\-3/4+1/2" d/d_p	Partição	−1/2+3/8" d/d_p	Partição	−3/8+1/4" d/d_p	Partição	−1/4"+8# d/d_p	Partição	−8+14# d/d_p	Partição	−14+28# d/d_p	Partição	−3/4"+28# d/d_p	Partição
	0,946	100,0	0,917	100,0	0,902	100,0	0,877	100,0	0,830	100,0	0,775	100,0	0,8232	100,00
	0,955	99,7	0,925	99,7	0,940	99,2	0,890	99,9	0,860	99,7	0,800	99,6	0,8684	99,8
	0,965	99,0	0,940	99,1	0,950	98,7	0,900	99,8	0,880	99,4	0,835	98,8	0,9130	99,2
	0,970	98,3	0,950	98,5	0,956	98,2	0,915	99,6	0,901	98,6	0,850	98,3	0,9377	98,6
	0,973	97,8	0,958	97,8	0,963	97,3	0,945	98,8	0,925	96,9	0,900	95,8	0,9474	98,0
	0,974	96,4	0,965	97,0	0,965	96,8	0,960	97,9	0,942	95,1	0,925	93,7	0,9558	97,0
	1,000	50,0	0,973	95,2	0,972	95,1	0,9643	97,0	0,955	92,8	0,940	91,7	0,9609	96,0
	1,023	8,9	0,9736	94,0	1,000	50,0	1,000	50,0	0,958	92,0	0,9443	91,0	0,9658	95,0
	1,025	5,4	1,000	50,0	1,030	5,3	1,0282	13,0	1,000	50,0	1,000	50,0	1,0000	50,0
	1,028	4,0	1,025	9,0	1,033	4,4	1,031	11,3	1,030	20,0	1,035	24,3	1,0230	19,7
	1,033	3,0	1,033	4,0	1,037	3,4	1,040	8,8	1,037	15,6	1,045	17,0	1,0285	15,0
	1,041	2,0	1,035	2,9	1,048	2,0	1,055	6,2	1,057	10,0	1,050	13,3	1,0352	11,2
	1,050	0,2	1,040	1,9	1,062	1,0	1,075	4,1	1,075	7,3	1,060	8,9	1,0411	9,4
	1,060	0,6	1,050	0,8	1,075	0,5	1,100	2,4	1,102	5,0	1,090	5,5	1,0515	7,5
	1,070	0,2	1,063	0,2	1,091	0,0	1,130	1,0	1,140	2,9	1,125	3,6	1,0706	5,0
	1,078	0,0	1,075	0,0			1,140	0,6	1,175	1,6	1,300	1,4	1,0828	3,9
							1,159	0,0	1,222	0,6	1,507	0,0	1,1007	2,8
									1,300	0,0			1,1471	1,7
													1,2176	1,0
													1,3599	0,0
d_p	1,40 a 1,64		1,40 a 1,63		1,40 a 1,62		1,41 a 1,63		1,43 a 1,66		1,45 a 1,66		1,42 a 1,63	

Tamanho da alimentação

Tab. 7.11 Valores de imperfeição

Equipamento	Fração granulométrica	Imperfeição
Ciclone de meio denso	3/4 × 1/2"	0,014
	1/2 × 3/8"	0,015
	3/8 × 1/4"	0,016
	8 × 14#	0,025
	14 × 28#	0,034
	3/4" × 28#	0,019
Ciclone autógeno	1/4" × 4#	0,084
	4 × 8#	0,100
	8 × 14#	0,118
	14 × 28#	0,130
	28 × 48#	0,121
	48 × 100#	0,090
	100 × 200#	0,110
	1/4" × 200#	0,189
Mesa vibratória	3/8 × 1/4"	0,042
	1/4" × 8#	0,044
	8 × 14#	0,051
	14 × 28#	0,068
	28 × 48#	0,089
	48 × 100#	0,101
	100 × 200#	0,191
	3/8" × 200#	0,058
Vaso de meio denso	6 × 4"	0,013
	4 × 2"	0,016
	2 × 1"	0,019
	1 × 1/2"	0,025
	1/2 × 1/4"	0,030
	6 × 1/4"	0,020
Jigue Baum	6 × 3"	0,034
	3 × 1⁵⁄₈"	0,030
	1⁵⁄₈ × 1/2"	0,061
	1/2 × 1/4"	0,092
	1/4" × 8#	0,109
	8 × 14#	0,126
	14 × 48#	0,272
	6" × 48#	0,082

Finalmente, Gottfried (1981) conseguiu resumir todas essas ideias em uma equação parametrizada única:

$$f = 100 \, [f_s \cdot c \cdot e]^{-(x-x_0)^{a/b}} \qquad (7.2)$$

sendo $x > x_0$.

As constantes a, b, c, x_0 e f_s foram tabeladas (Tab. 7.12) para mesas vibratórias, separadores de meio denso, ciclones de meio denso, ciclones autógenos e jigues Baum. Esse tabelamento foi feito por fração granulométrica, ou seja, a função que expressa a curva de partição dos equipamentos de beneficiamento densitário é uma função parametrizada, ajustável para cada equipamento e fração granulométrica.

Rao, Vanangamudi e Sufiyan (1986) mostraram a validade desse modelo trabalhando com carvão indiano. Subasinghe e Kelly (1991) estenderam o modelo para espirais.

Ficou evidenciada, portanto, a fragilidade do modelo de Terra em supor que a curva de partição dos aparelhos densitários independa da granulometria da alimentação. Com isso, fica abalada também a ideia de que a curva de partição seja obrigada a obedecer a alguma lei matemática expressa por uma função matemática imutável. Aparentemente, Terra tinha conhecimento dos desvios verificados, mas preferia acreditar que as diferenças decorressem dos erros experimentais e de operação.

Nossa conclusão é que a forma da curva de partição é demasiado complexa para poder ser expressa por uma fórmula matemática única, de uso universal. Ao contrário, cada situação especial precisa ser descrita por uma função específica, com seus parâmetros ajustados para ela.

7.4 Outros modelos

Em 1992, por ocasião do concurso para Professor Titular de Tratamento de Minérios da Escola Politécnica da USP (Chaves, 1992), foi feita uma revisão bibliográfica cuidadosa da literatura sobre o assunto.

Tab 7.12 Valores numéricos para serem usados na equação da curva padrão de partição

$$f = 100 \, [f_s \cdot c \cdot e]^{-(x-x_0)^{a/b}}, \, x > x_0$$

Vaso (de Tromp)	Granulometria da alimentação	a	b	c	x_0	f_s	Desvio padrão
Mesa vibratória (Deurbrouck; Palowitch, 1963)	3/8 × 1/4	2,9700	4,3355 × 10⁻³	0,98484	0,85782	1,2374 × 10⁻²	2,43 × 10⁻²
	1/4 × 8	2,1657	1,4235 × 10⁻²	0,98415	0,88100	1,0874 × 10⁻²	2,37 × 10⁻²
	8 × 14	1,8194	2,7674 × 10⁻²	0,98299	0,88574	1,0900 × 10⁻²	2,19 × 10⁻²
	14 × 28	1,6913	4,6642 × 10⁻²	0,95611	0,86728	2,7309 × 10⁻²	2,41 × 10⁻²
	28 × 48	1,9377	7,8576 × 10⁻²	0,94826	0,77458	3,3586 × 10⁻²	3,08 × 10⁻²
	48 × 100	2,2230	6,3174 × 10⁻²	0,85379	0,74264	1,0650 × 10⁻¹	2,71 × 10⁻²
	100 × 200	4,9932	2,6097 × 10⁻³	0,64672	0,68405	3,0829 × 10⁻¹	3,01 × 10⁻²
	T. t.*	2,4792	1,8370 × 10⁻²	0,93511	0,82309	5,5114 × 10⁻²	2,07 × 10⁻²
Vaso de meio denso (Hudy, 1968)	+4	1,0000	1,0000 × 10⁻⁵	1,00000	1,00000	0.	0.
	4 × 2	3,0991	1,4305 × 10⁻⁴	0,98670	0,94926	0.	1,77 × 10⁻²
	2 × 1	5,2525	1,0000 × 10⁻⁵	0,98547	0,89605	3,3049 × 10⁻³	2,28 × 10⁻²
	1 × 1/2	5,9947	1,0000 × 10⁻⁵	0,98090	0,86251	4,4275 × 10⁻³	2,30 × 10⁻²
	1/2 × 1/4	3,6749	7,7151 × 10⁻⁴	0,97286	0,87141	1,2182 × 10⁻²	2,85 × 10⁻²
	T. t.*	3,7838	1,7926 × 10⁻⁴	0,97920	0,90713	1,0710 × 10⁻²	2,42 × 10⁻²
Ciclone de meio denso (Deurbrouck; Hudy, 1972)	3/4 × 1/2	3,2199	1,0264 × 10⁻⁴	0,99534	0,94846	3,2888 × 10⁻³	1,75 × 10⁻²
	1/2 × 3/8	2,1461	1,2948 × 10⁻³	0,99543	0,96208	0.	1,65 × 10⁻²
	3/8 × 1/4	2,6995	5,4715 × 10⁻⁴	0,99067	0,94603	3,5310 × 10⁻³	1,65 × 10⁻²
	1/4 × 8	1,7925	5,5550 × 10⁻³	0,98403	0,95516	6,0615 × 10⁻³	1,85 × 10⁻²
	8 × 14	2,6972	1,8777 × 10⁻³	0,97000	0,91449	1,8855 × 10⁻²	2,06 × 10⁻²
	14 × 28	3,2237	2,5115 × 10⁻³	0,95759	0,86030	2,3930 × 10⁻²	2,44 × 10⁻²
	T. t.*	1,9041	5,3421 × 10⁻³	0,98276	0,94707	9,6648 × 10⁻³	1,66 × 10⁻²
Ciclone autógeno (Deurbrouck, 1974)	1/4 × 4	1,8944	6,7574 × 10⁻²	1,00000	0,79925	6,6750 × 10⁻³	7,16 × 10⁻³
	4 × 8	1,8190	8,0972 × 10⁻²	0,85463	0,81671	1,3787 × 10⁻²	2,58 × 10⁻²
	8 × 14	7,9272	5,0000	0,87073	−0,15538	3,5522 × 10⁻²	2,75 × 10⁻²
	14 × 28	3,4993	9,0573 × 10⁻²	0,78954	0,57820	3,9170 × 10⁻²	3,79 × 10⁻²
	28 × 48	2,4231	1,3639 × 10⁻¹	0,92354	0,64075	0.	3,24 × 10⁻²
	48 × 100	12,014	5,0000	0,80901	−0,12880	1,5677 × 10⁻¹	3,27 × 10⁻²
	100 × 200	15,217	5,0000	0,68773	−0,11613	2,6278 × 10⁻¹	2,78 × 10⁻²
	T. t.*	1,7007	1,8142 × 10⁻¹	0,78314	0,67424	1,5448 × 10⁻¹	2,96 × 10⁻²
Jigue Baum (Sokaski et al., 1963)	6 × 3	3,5767	1,6403 × 10⁻³	1,00000	0,84975	0.	9,56 × 10⁻³
	3 × 1-5/8	1,8546	1,1822 × 10⁻²	0,97485	0,92460	1,6034 × 10⁻²	2,29 × 10⁻²
	1-5/8 × 1/2	1,6056	4,9087 × 10⁻²	0,98078	0,87832	9,1809 × 10⁻³	9,67 × 10⁻³
	1/2 × 1/4	1,7488	7,8043 × 10⁻²	0,88879	0,79977	8,8248 × 10⁻²	1,87 × 10⁻²
	1/4 × 8	1,3227	1,2768 × 10⁻¹	0,89041	0,83826	5,9474 × 10⁻²	3,82 × 10⁻³
	8 × 14	1,9800	1,0412 × 10⁻¹	0,92680	0,70564	1,0497 × 10⁻¹	5,61 × 10⁻³
	14 × 48	2,4415	8,4770 × 10⁻²	0,68674	0,60794	2,9301 × 10⁻¹	1,47 × 10⁻²
	T. t.*	1,1307	1,1705 × 10⁻¹	0,93415	0,88917	4,0868 × 10⁻²	9,12 × 10⁻³

*T.t.: Todos os tamanhos
Fonte: Gottfried e Jacobsen (1977).

Reid, Maixi e Shenggui (1985a, 1985b) desenvolveram programas de simulação oferecendo diferentes funções matemáticas, uma das quais certamente se adaptará melhor à curva de partição da separação específica que se tem em vista. No pacote, constam o modelo de Erasmus, o de Gottfried (função de Weibull), a substituição da curva normal pela integral quase normal, e a tangente hiperbólica modificada.

Jowett (1986) utiliza funções binomiais ajustadas; Manser, Barley e Wills (1991) utilizam uma equação logística, e Napier-Munn e Lynch (1992) discutem outras equações propostas.

Ao acompanharmos o trabalho de pesquisa sobre a forma da curva de partição, vemos que o caminho percorrido foi:

1 utilizar uma função matemática para representá-la;
2 substituir essa função por tabelas, mais ajustadas à realidade da curva;
3 substituir as tabelas por funções parametrizadas, para melhorar a precisão e facilitar os cálculos;
4 voltar à busca de funções matemáticas.

Percebemos nisso tudo um retrocesso da compreensão do fenômeno, que se mostra complexo demais para poder ser expresso por uma função matemática única e universal. Dessa forma, todos os modelos propostos se equivalem e têm as mesmas limitações.

Acreditamos firmemente que o partido a tomar seja o de Gottfried, ou seja, de parametrizar as funções para atender a cada caso específico.

Exercícios resolvidos

7.1 Calcular as partições e estabelecer a densidade de partição e o EPM para a seguinte separação (caso real, separação do carvão de Candiota - RS, 1/2"× 28#, em DWP):

Densidade	−1,4	+1,4–1,5	+1,5–1,6	+1,6–1,65	+1,65–1,7	+1,7–1,75	+1,75–1,8	+1,8–1,9	+1,9
Flutuado (%)	35,6	26,5	18,7	5,8	5,0	5,8	0,7	1,2	0,7
Afundado (%)	0	1,5	2,8	5,4	8,5	39,7	6,1	17,4	18,6

As vazões são: afundado, 82,7 t/h; flutuado, 17,3 t/h.

Solução:

Em primeiro lugar, é preciso transformar essas distribuições porcentuais em distribuições de massas (t/h). Feito isso, é fácil calcular a distribuição de massas da alimentação. As relações de massas entre afundado e flutuado, para cada fração densitária, é a *partição por faixa*. A curva partição x densidade é a curva de Tromp, curva de partição ou curva de distribuição. Dela obtemos ρ_p e EPM.

Densidade	Flutuado %	Flutuado t/h	Afundado %	Afundado t/h	Alimentação t/h	Partição
−1,4	35,6	6,2	0	0	6,2	0
+1,4−1,5	26,5	4,6	1,5	1,2	5,8	20,7
+1,5−1,6	18,7	3,2	2,8	2,3	5,5	41,8
+1,6−1,65	5,8	1,0	5,4	4,5	5,5	81,8
+1,65−1,7	5,0	0,9	8,5	7,0	7,9	88,6
+1,7−1,75	5,8	1,0	39,7	32,9	33,8	97,0
+1,75−1,8	0,7	0,1	6,1	5,1	5,2	98,1
+1,8−1,9	1,2	0,2	17,4	14,4	14,6	98,6
+1,9	0,7	0,1	18,6	15,4	15,5	99,4
Total	100	17,3	100	82,7	100	−

$d_p = 1,56$

7.2 Uma usina de beneficiamento de carvão foi amostrada e medida a vazão de seus produtos. A partição (do afundado) foi de 19,17%. Os resultados da lavabilidade dos produtos são mostrados na tabela abaixo. Calcular e desenhar a curva de Tromp para essa separação, definir a densidade de corte e medir o EPM.

Densidade	−1,3	+1,3−1,4	+1,4−1,5	+1,5−1,6	+1,6−1,7	+1,7−1,8	+1,8
Flutuado (%)	0,20	85,30	11,18	2,32	0,58	0,22	0,20
Afundado (%)	0	9,41	11,49	13,27	10,93	9,61	45,29

Solução:

De modo análogo à resolução do problema anterior, construímos a planilha:

166 Teoria e prática do Tratamento de Minérios – Separação densitária

Densidade	Flutuado %	Flutuado t/h	Afundado %	Afundado t/h	Alimentação t/h	Partição
−1,3	0,20	0,16	0	0	0,16	100,0
+1,3–1,4	85,83	68,95	9,41	1,80	70,75	97,5
+1,4–1,5	11,18	9,04	11,49	2,20	11,24	80,4
+1,5–1,6	2,32	1,88	13,27	2,54	4,42	42,5
+1,6–1,7	0,58	0,47	10,93	2,11	2,58	18,2
+1,7–1,8	0,22	0,18	9,61	1,84	2,02	8,9
+1,8	0,20	0,15	45,29	8,68	8,83	1,7
Total	100,0	80,83	100,0	19,17	100,0	−

→ $d_p = 1{,}56$

Para construir a curva de Tromp, podemos usar a escala de abscissas como ρ ou como (ρ − ρ$_p$). Esta última escala permite comparar as partições para diferentes condições de separação:

ρ	−1,3	+1,3–1,4	+1,4–1,5	+1,5–1,6	+1,6–1,7	+1,7–1,8	+1,8
ρ − ρ$_p$	−0,26	−0,18	−0,08	+0,02	+0,12	+0,22	+0,47
Admitido	ρ$_m$ = 1,27						ρ$_m$ = 2,0

Cada intervalo de densidades da curva de lavabilidade representa uma população de partículas. A densidade média dessa população pode ser assumida como a média aritmética ou como a média geométrica do intervalo (são hipóteses possíveis, e não faz muita diferença prática usar, inclusive, qualquer um dos extremos do intervalo).

As duas classes extremas de densidade são abertas, isto é, a classe −1,3 só é definida pela densidade superior, e a classe +1,8, pela densidade inferior. Qual será a densidade média dessas frações?

Para a fração mais leve, geralmente se adota algo próximo a ρ − 0,05, no caso, 1,25 ou mais pesado, 1,28, conforme o bom senso indicar. Porém, qualquer que seja o valor adotado, ele pouco afetará a forma e a utilização da curva de Tromp.

Por sua vez, o valor adotado para a fração mais pesada afeta muito a forma da curva e, consequentemente, os resultados. Deve-se, portanto, ter muito cuidado ao assumi-lo. Os autores americanos – que geralmente encerram suas curvas de lavabilidade em 1,8 – adotam 2,2 a 2,3. No exemplo em questão, a densidade adotada para a classe superior foi 2,0.

A equipe da extinta Divisão de Tratamento de Minérios do IPT, nos anos 1980 (Paulo Shimabukuro, Oscar De Nucci e outros), complementava o levantamento da curva de lavabilidade com a medida da densidade da fração mais pesada, prática que recomendamos a todos.

A Fig. 7.14 é a curva de partição pedida.

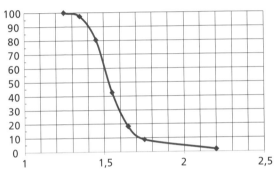

Fig. 7.14 Curva de partição

7.3 Simular, com base no modelo de Terra, a separação em tambor de meio denso de 242 t/h do carvão cuja curva de lavabilidade é fornecida abaixo. O tambor tem imperfeição I = 0,05 e corta na densidade 1,9.

Densidade	% massa	% cinzas
–1,4	21,8	23,5
+1,4–1,5	6,4	30,7
–1,5+1,55	2,5	33,0
+1,55–1,6	2,4	25,9
+1,6–1,7	5,4	38,4
+1,7–1,8	4,5	43,6
+1,8–1,9	5,9	53,8
+1,9–2,0	8,0	67,2
+2,0	43,2	79,6

Solução:

Com base no modelo de Terra, sabemos que a curva de partição dos equipamentos de meio denso segue a lei normal e que $E = I\, d_p$.

Assim, podemos calcular:

$E = I \cdot d_p = 0{,}05 \times 1{,}9 = 0{,}095$

$d_{25} = 1{,}9 - 0{,}095 = 1{,}805$

$d_{75} = 1{,}9 + 0{,}095 = 1{,}995$

Com esses valores, construímos, no papel de probabilidade, a curva de partição dessa separação (Fig. 7.15). Como já mencionado, a escolha do módulo da escala de densidades é muito importante e deve fornecer uma reta com inclinação em torno de 45°. Dessa curva, lemos as partições da tabela à esquerda, tomadas na densidade média da faixa na curva de lavabilidade (utilizamos aqui a média aritmética; outros preferem a média geométrica; outros, a média logarítmica, e assim por diante).

d	d_m	Partição
−1,4	1,35	100,0
+1,4–1,5	1,45	99,9
+1,5–1,55	1,525	99,6
+1,55–1,6	1,575	98,9
+1,6–1,7	1,65	96,0
+1,7–1,8	1,75	86,0
+1,8–1,9	1,85	65,0
+1,9–2,0	1,95	36,0
+2,0	2,2	2,6

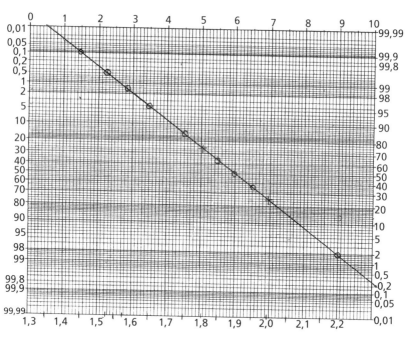

Fig. 7.15 Curva de partição

Temos, portanto, todas as informações necessárias para simular a operação. A curva de lavabilidade fornece as informações referentes ao carvão, e a curva de partição, as referentes ao equipamento que será utilizado naquela densidade de corte. Com tais informações, montamos a seguinte tabela:

Lavabilidade		Alimentação			Partição	Flutuado	Afundado
d	d_m (A)	%	t/h (B)	% cz	(C)	t/h (D)	t/h (E)
−1,4	1,35	21,8	52,8	23,5	100,0	52,8	0,0
+1,4−1,5	1,45	6,3	15,2	30,7	100,0	15,2	0,0
−1,5−1,55	1,525	2,5	6,1	33,0	100,0	6,1	0,0
+1,55−1,6	1,575	2,4	5,8	35,9	100,0	5,8	0,0
+1,6−1,7	1,65	5,4	13,1	38,4	99,7	13,0	0,0
+1,7−1,8	1,75	4,5	10,9	43,6	95,5	10,4	0,5
+1,8−1,9	1,85	5,9	14,3	53,8	72,0	10,3	4,0
+1,9−2,0	1,95	8,0	19,4	67,2	30,0	5,8	13,6
+2,0	2,2	43,2	104,5	79,6	0,1	0,1	104,5
Total		100,0	242,0			119,5	122,5

Nessa tabela, a partição (coluna C) foi construída conforme descrito anteriormente, a partir das densidades médias de cada faixa de densidades (coluna A). A partição aqui foi tomada para o flutuado. Então, as tonelagens de flutuado em cada fração densimétrica serão o produto das toneladas por hora (coluna B) pela partição (coluna C), que representa a esperança matemática de aquele material ir para o flutuado. O afundado (coluna E) é a diferença entre a vazão de alimentação e a vazão de flutuado, também por fração densimétrica, isto é, E = B − D.

A soma dos flutuados em cada fração dará o total de carvão flutuado, e a soma dos afundados dará o rejeito afundado, ou seja, 120,6 e 121,4 t/h, respectivamente.

Os teores de flutuado e de afundado serão fornecidos por meio da ponderação das tonelagens em cada fração pelo respectivo teor, isto é, os teores de flutuado e de afundado na mesma fração densimétrica são iguais. A partição é um fenômeno probabilístico – naquela fração, uma partícula foi para o flutuado ou para o afundado dentro de uma probabilidade de ser dirigida para cada fluxo. Portanto:

% cz flutuado = (52,8×23,5 + 15,2×30,7 + 6,1×33,0 + 5,8×35,9 + 13,0×38,4 + 10,4×43,6 + 10,3×53,8 + 5,8×67,2 + 0,1×79,6) / 119,5 = 33,6%;

% cz afundado = (0×23,5 + 0×30,7 + 0×33,0 + 0×35,9 + 0×38,4 + 0,5×43,6 + 4,0×53,8 + 13,6×67,2 + 104,5×79,6) / 122,5 = 77,3%.

Os balanços de massas e de cinzas da separação ficam:

7.4 Simular a separação em ciclone de meio denso do mesmo carvão utilizado no exercício anterior. O ciclone tem imperfeição I = 0,03 e corta na mesma densidade, ou seja, 1,9.

Solução:

O modelo de Terra nos mostra que:

$E = I \cdot d_p = 0,03 \times 1,9 = 0,057$

$d_{25} = 1,9 - 0,057 = 1,843$

$d_{75} = 1,9 + 0,057 = 1,957$

Com esses valores, construímos, no papel de probabilidade, a nova curva de partição para essa separação (Fig. 7.16) e lemos:

d	d_m	Partição
−1,4	1,35	100,0
+1,4−1,5	1,45	99,9
−1,5−1,55	1,525	99,5
+1,55−1,6	1,575	99,0
+1,6−1,7	1,65	96,0
+1,7−1,8	1,75	85,0
+1,8−1,9	1,85	65,0
+1,9−2,0	1,95	38,0
+2,0	2,2	1,6

7 Partição 171

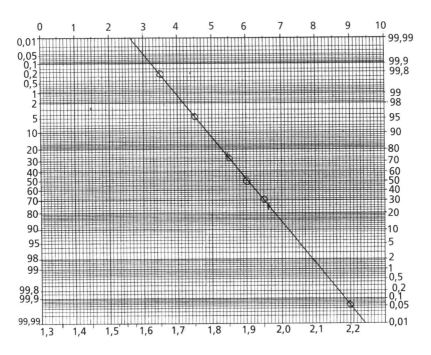

Fig. 7.16 Curva de partição

Construímos, então, a tabela:

Lavabilidade		Alimentação			Partição	Flutuado	Afundado
d	d_m	%	t/h	% cz		t/h	t/h
−1,4	1,35	22,1	66,6	23,5	100,0	66,6	0,0
+1,4−1,5	1,45	6,4	19,1	30,7	99,9	19,1	0,0
−1,5−1,55	1,525	2,5	7,6	33,0	99,5	7,6	0,0
+1,55−1,6	1,575	2,4	7,1	35,9	99,0	7,0	0,1
+1,6−1,7	1,65	5,4	16,4	38,4	96,0	15,7	0,7
+1,7−1,8	1,75	4,5	13,7	43,6	85,0	11,6	2,0
+1,8−1,9	1,85	5,4	16,4	53,8	65,0	10,6	5,7
+1,9−2,0	1,95	8,0	24,0	67,2	38,0	9,1	14,9
+2,0	2,2	43,2	129,9	79,6	1,6	2,1	127,9
Total		100,0	300,8			149,5	151,3

Novamente, a soma dos flutuados em cada fração dará o total de carvão flutuado, e a soma dos afundados, o rejeito afundado, ou seja, 149,5 e 151,3 t/h, respectivamente. Mudou, portanto, o resultado da separação!

Os teores de flutuado e de afundado são calculados da mesma maneira, por meio da ponderação das tonelagens em cada fração pelo respectivo teor. Como os teores de cada fração densimétrica são os mesmos, mas as proporções mudaram, os teores finais também mudarão. Assim:

% cz flutuado = (66,6×23,5 + 19,1×30,7 + 7,6×33,0 + 7,0×35,9 + 15,7×38,4 + 11,6×43,6 + 10,6x53,8 + 9,1×67,2 + 2,1×79,6) / 149,5 = 34,2%;

% cz afundado = (0×23,5 + 0×30,7 + 0×33,0 + 0,1×35,9 + 0,7×38,4 + 2,0×43,6 + 5,7×53,8 + 14,9×67,2 + 127,9×79,6) / 151,3 = 76,7%.

Os balanços de massas e de cinzas da separação ficam:

```
242 t/h      ┌──────────┐    149,5 t/h
69,0% cz ──▶ │ Ciclone de│──▶ 34,2% cz
             │ meio denso│
             └─────┬────┘
                   │
                   ▼
               151,3 t/h
               76,7% cz
```

7.5 Simular, com base no modelo de Terra, a jigagem de 100 t/h do carvão cuja curva de lavabilidade é fornecida abaixo. O jigue tem imperfeição I = 0,10 e duas câmaras, a primeira das quais corta na densidade 1,8, e a segunda, na densidade 1,6.

Densidade	% massa	% cinzas
−1,4	38,7	16,9
+1,4−1,5	9,1	24,9
−1,5+1,55	2,7	34,2
+1,55−1,6	1,8	34,8
+1,6−1,7	7,3	34,4
+1,7−1,8	4,6	44,9
+1,8−1,9	5,0	55,0
+1,9−2,0	4,6	68,2
+2,0	26,2	77,2

Solução:

Com base no modelo de Terra, sabemos que a curva de partição do jigue segue uma lei log-normal e que $E = I (d_p - 1)$. Sabemos, ainda, que o modelo não é perfeito e que os três pontos correspondentes a d_{50}, d_{25} e d_{75} não se alinham. Dessa forma, podemos calcular:

7 Partição

◆ primeira câmara:

$E = I(d_p - 1) = 0,10 \times (1,8 - 1) = 0,08$
$d_{25} = 1,8 - 0,08 = 1,72 \rightarrow \log d_{25} = 0,236$
$d_{75} = 1,8 + 0,08 = 1,88 \rightarrow \log d_{75} = 0,274$
$\log d_{50} = 0,255$

◆ segunda câmara:

$E = I(d_p - 1) = 0,10 \times (1,6 - 1) = 0,06$
$d_{25} = 1,6 - 0,06 = 1,54 \rightarrow \log d_{25} = 0,187$
$d_{75} = 1,6 + 0,06 = 1,66 \rightarrow \log d_{75} = 0,220$
$\log d_{50} = 0,204$

Ao plotarmos esses pontos no gráfico de probabilidades – lembrando que a reta que representa a curva log-normal deve passar pelo ponto representativo do d_{50} e ter a direção definida pela reta que passa pelos pontos representativos dos d_{25} e d_{75} –, obtemos o gráfico mostrado na Fig. 7.17. Note que as inclinações da reta são diferentes e que os três pontos de cada reta não estão alinhados, apesar de isso ser pouco evidente na separação de maior densidade de corte.

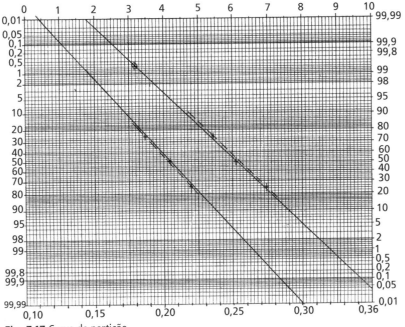

Fig. 7.17 Curva de partição

Esse gráfico (probabilidade × log-normal) nos permitirá ler as partições nos pontos médios de cada faixa densitária. Utilizaremos a média aritmética dos extremos de cada faixa, exceto para a faixa mais leve (−1,4) e para a mais pesada (+2,0), cujos extremos não conhecemos. Para elas, adotaremos valores arbitrários baseados no bom senso.

A jigagem na primeira câmara ($d_p = 1{,}8$) fica, então:

Lavabilidade			Alimentação		Partição	Flutuado	Afundado
d	d_m	log dm	%	t/h		t/h	t/h
−1,4	1,35	0,130	38,7	38,7	100,0	38,7	0,0
+1,4−1,5	1,45	0,161	9,1	9,1	100,0	9,1	0,0
−1,5−1,55	1,525	0,183	2,7	2,7	99,4	2,7	0,0
+1,55−1,6	1,575	0,197	1,8	1,8	97,6	1,8	0,0
+1,6−1,7	1,65	0,217	7,3	7,3	89,0	6,5	0,8
+1,7−1,8	1,75	0,243	4,6	4,6	64,0	2,9	1,7
+1,8−1,9	1,85	0,267	5,0	5,0	35,0	1,8	3,3
+1,9−2,0	1,95	0,290	4,6	4,6	10,0	0,5	4,1
+2,0	2,2	0,342	26,2	26,2	0,6	0,2	26,0
Total			100,0	100,0		64,0	36,0

A segunda câmara recebe o flutuado da primeira câmara e o separa em $d_p = 1{,}8$. A simulação fica, então:

Lavabilidade			Alimentação		Flutuado	Afundado
d	d_m	log d_m	t/h	Partição	t/h	t/h
−1,4	1,35	0,130	38,7	100,0	38,7	0,0
+1,4−1,5	1,45	0,161	9,1	100,0	9,1	0,0
−1,5−1,55	1,525	0,183	2,7	83,0	2,2	0,5
+1,55−1,6	1,575	0,197	1,8	52,0	0,9	0,8
+1,6−1,7	1,65	0,217	6,5	33,0	2,1	4,4
+1,7−1,8	1,75	0,243	2,9	6,5	0,2	2,8
+1,8−1,9	1,85	0,267	1,8	0,7	0,0	1,7
+1,9−2,0	1,95	0,290	0,5	0,0	0,0	0,5
+2,0	2,2	0,342	0,2	0,0	0,0	0,2
Total			64,0		53,3	10,8

As cinzas de cada produto são calculadas por ponderação, servindo as tonelagens de cada faixa como pesos. Por exemplo, o teor de cinzas do flutuado da segunda câmara fica:

% cz flutuado 2 = (38,7×16,9 + 9,1×24,9 + 2,2×34,2 + 0,9×34,8 + 2,1×34,4 + 0,2×44,9) / 53,3 = 20,0% cinzas.

Os demais teores são calculados do mesmo modo e fornecem:
% cz afundado 1 = 71,6%;
% cz afundado 2 = 41,2%.

Os balanços de massas e de cinzas ficam, então:

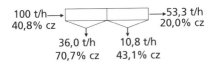

7.6 Simular a separação em tambor de meio denso da fração 25,4 × 12,7 mm do carvão cuja curva de lavabilidade é dada abaixo. A densidade de corte é de 1,9, que é a máxima praticada com carvões. A imperfeição do tambor é de 0,05, e a vazão alimentada, de 300,8 t/h.

d	−1,4	+1,4−1,5	+1,5−1,55	+1,55−1,6	+1,6−1,7	+1,7−1,8	+1,8−1,9	+1,9−2,0	+2,0
%	22,14	6,35	2,54	2,36	5,44	4,54	5,44	7,99	43,20
% cz	23,5	30,7	33,0	35,9	38,4	43,6	53,8	67,2	79,6

Solução:

A mineração de carvão, como já mencionado, tem uma cultura própria. As frações granulométricas, além de serem determinadas em peneiras com furos circulares, são designadas como no enunciado do exercício, 25,4 × 12,7 mm, em vez de −25,4+12,7 mm.

Sabemos que a curva de partição dos equipamentos de meio denso segue uma lei normal (de Gauss). Sabemos também que $E = I \cdot d_p$. Temos, então:

$E = 0,05 \times 1,9 = 0,095$

$d_{25} = 1,9 - 0,095 = 1,805$

$d_{75} = 1,9 + 0,095 = 1,995$

Com esses valores, construímos a curva de partição mostrada na Fig. 7.18 e lemos os seguintes valores:

D	−1,4	+1,4−1,5	+1,5−1,55	+1,55−1,6	+1,6−1,7	+1,7−1,8	+1,8−1,9	+1,9−2,0	+2,0
d_m	-	1,45	1,525	1,575	1,65	1,75	1,85	1,95	2,1
Partição	100	99,9	99,6	98,9	96,0	86,0	65,0	36,0	8,0

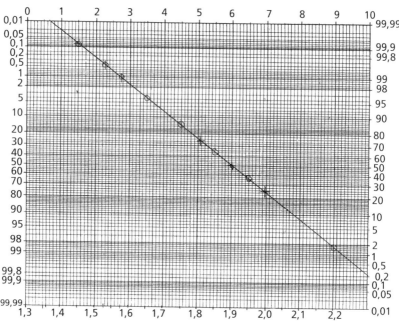

Fig. 7.18 Curva de partição

Ao construirmos a tabela das frações densitárias e respectiva partição, podemos montar o balanço de massas conforme:

| Lavabilidade | | Alimentação | | | Partição | Flutuado | Afundado |
d	d_m	%	t/h	% cz		t/h	t/h
−1,4	1,35	22,14	66,6	23,5	100,0	66,6	0,0
+1,4−1,5	1,45	6,35	19,1	30,7	99,9	19,1	0,0
−1,5−1,55	1,525	2,54	7,6	33,0	99,5	7,6	0,0
+1,55−1,6	1,575	2,36	7,1	35,9	99,0	7,0	0,1
+1,6−1,7	1,65	5,44	16,4	38,4	96,0	15,7	0,7
+1,7−1,8	1,75	4,54	13,7	43,6	85,0	11,6	2,0
+1,8−1,9	1,85	5,44	16,4	53,8	65,0	10,6	5,7
+1,9−2,0	1,95	7,99	24,0	67,2	38,0	9,1	14,9
+2,0	2,2	43,20	129,9	79,6	1,6	2,1	127,9
Total		100,0	300,8			149,5	151,3

O teor de cinzas do flutuado e do afundado é calculado por meio da ponderação dos teores de cada faixa e respectiva massa:
% cz afundado = (0×23,5 + 0×30,7 + 0×33,0 + 0,1×35,9 + 0,7×38,4 + 2,0×43,6 + 5,7×53,8 + 14,9×67,2 + 127,9×79,6) / 151,3 = 76,7%;
% cz flutuado = (66,6×23,5 + 19,1×30,7 + 7,6×33,0 + 7,0×35,9 + 15,7×38,4 + 11,6×43,6 + 10,6×53,8 + 9,1×67,2 + 2,1×79,6) / 149,5 = 34,2%.

7.7 Simular a separação em jigue do minério de ferro cuja curva de lavabilidade é dada abaixo. A densidade de corte é de 3,1, a imperfeição, de 0,2, e a vazão alimentada, de 300 t/h.

d	+5,7	−5,7+5,5	−5,5+5,3	−5,3+5,1	−5,1+4,9	−4,6+4,6	−4,6+3,9	−3,9+3,1	−3,1+2,8	−2,8
%	18,0	10,0	9,0	8,0	7,0	6,0	6,0	7,0	9,0	20,0
% Fe	70,0	67,9	65,8	63,4	60,9	58,1	55,1	48,3	29,8	20,0

Solução:

A curva de partição dos jigues segue uma lei log-normal (os logaritmos seguem a lei de Gauss). Sabemos também que $E = I \cdot (d_p - 1)$. Temos, então:
$E = 0,2 \times (3,1 - 1) = 0,42$
$d_{25} = 3,1 - 0,42 = 2,68$
$d_{75} = 3,1 + 0,42 = 3,52$

Com esses valores, construímos a curva de partição mostrada na Fig. 7.19 e lemos os seguintes valores de partição:

Lavabilidade			Alimentação		Partição	Flutuado	Afundado
d	d_m	log dm	%	t/h		t/h	t/h
+5,7	6,00	0,778	18,0	54,0	100,0	54,0	0,0
−5,7+5,5	5,60	0,748	10,0	30,0	100,0	30,0	0,0
−5,5+5,3	5,40	0,732	9,0	27,0	100,0	27,0	0,0
−5,3+5,1	5,20	0,716	8,0	24,0	100,0	24,0	0,0
−5,1+4,9	5,00	0,699	7,0	21,0	99,9	21,0	0,0
−4,9+4,6	4,75	0,677	6,0	18,0	98,4	17,7	0,3
−4,6+3,9	4,25	0,628	6,0	18,0	94,0	16,9	1,1
−3,9+3,1	3,50	0,544	7,0	21,0	74,0	15,5	5,5
−3,1+2,8	2,95	0,470	9,0	27,0	40,0	10,8	16,2
−2,8	2,75	0,439	20,0	60,0	28,0	16,8	43,2
Total			100,0	300,0		233,7	66,3

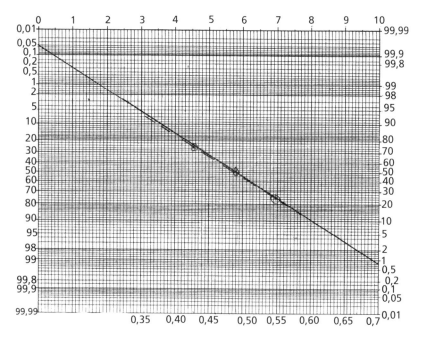

Fig. 7.19 Curva de partição

Os teores de ferro dos dois produtos são calculados por ponderação:

% Fe pesados = 54,9;

% Fe leves = 25,6.

Referências bibliográficas

CHAVES, A. P. *Partição*. Texto para prova de erudição, concurso para Professor Titular. São Paulo: Epusp, 1992.

CHAVES, A. P.; POSSA, M. V. Beneficiamento de carvão de Candiota em "Dyna whirlpool". *Anais do I Encontro do Hemisfério Sul sobre Tecnologia Mineral*, Rio de Janeiro, p. 9-18, 1982.

CHIEREGATI, A. C.; PITARD, F. F. Fundamentos teóricos da amostragem. In: CHAVES, A. P. (Org.). *Manuseio de sólidos granulados*. 2. ed. São Paulo: Oficina de Textos, 2012. (Teoria e Prática do Tratamento de Minérios, v. 5).

DEURBROUCK, A. W. Performance characteristics of coal-washing equipment: hydrocyclones. *Report of investigations, 7891*. Washington: U.S. Department of the Interior, Bureau of Mines, 1974.

DEURBROUCK, A. W.; HUDY Jr., J. Performance characteristics of coal-washing equipment: dense-medium cyclones. *Report of investigations, 7637*. Washington: U.S. Department of the Interior, Bureau of Mines, 1972.

DEURBROUCK, A. W.; PALOWITCH, E. R. Performance characteristics of coal-washing equipment: concentrating tables. *Report of investigations, 6239*. Washington: U.S. Department of the Interior, Bureau of Mines, 1963.

GOTTFRIED, B. S. A generalization of distribution data for characterizing the performance of float-sink coal-cleaning devices. *International Journal of Mineral Processing*, v. 5, p. 1-20, 1978.

GOTTFRIED, B. S. Statistical representation of generalized distribution data for float-sink coal-cleaning devices: sand cones. *International Journal of Mineral Processing*, v. 8, n. 1, p. 89-91, 1981.

GOTTFRIED, B. S.; JACOBSEN, P. S. Generalized distribution curves for characterizing the performance of coal-cleaning equipment. *Report of investigations, 8238*. Washington: U.S. Department of the Interior, Bureau of Mines, 1977.

HUDY Jr., J. Performance characteristics of coal-washing equipment: dense-medium coarse-coal vessels. *Report of investigations, 7154*. Washington: U.S. Department of the Interior, Bureau of Mines, 1968.

JOWETT, A. An appraisal of partition curves for coal-cleaning process. *International Journal of Mineral Processing*, v. 16, n. 1-2, p. 75-95, Jan. 1986.

MANSER, R. J.; BARLEY, R. W.; WILLS, B. A. The shaking table concentrator - the influence of operating conditions and table parameters on mineral separation - the development of a mathematical model for normal operating conditions. *Minerals Engineering*, v. 4, n. 3-4, p. 369-381, 1991.

NAPIER-MUNN, T. J.; LYNCH, A. J. The modelling and computer simulation of mineral treatment processes - current status and future trends. *Minerals Engineering*, v. 5, n. 2, p. 143-168, 1992.

OUYAHIA, M. A. *Application de la théorie des possibilités de lavage a l'étude de la valorisation du charbon*. Note technique 1/52. [S.l.]: Charbonnages de France, 1952.

RAO, T. C.; VANANGAMUDI, M.; SUFIYAN, S. A. Modelling of dense medium cyclones treating coal. *International Journal of Mineral Processing*, v. 17, n. 3-4, p. 287-301, 1986.

REID, K. J.; MAIXI, L.; SHENGGUI, Z. Coal cleaning distribution curve simulation: fitting 6 different models by microcomputer. *International Journal of Mineral Processing*, v. 14, n. 4, p. 291-299, June 1985a.

REID, K. J.; MAIXI, L.; SHENGGUI, Z. Computer reliability analysis of coal-cleaning distribution curves. *International Journal of Mineral Processing*, v. 14, n. 4, p. 301-312, June 1985b.

SOSASKI, M.; JACOBSEN, P. S.; GEER, M. R. Performance of Baum jig treating Rocky Mountains coal. *USBM RI 6306*, 1963.

SUBASINGHE, G. K. N. S.; KELLY, E. G. Model of a coal-washing spiral. *Coal preparation*, v. 9, n. 1-2, p. 1-11, 1991.

TERRA, A. Significance of anamorphosed partition curve and the ecart probable in washery control. *Proceedings of the 2nd International Coal Preparation Congress*, Essen, 1954.

TROMP, K. Neue wege zur beurfeilung der aufbereintung von stuckkolen. *Gluckauf*, v. 37, p. 124-131 e 151-156, 1937.

Separação magnética

As propriedades magnéticas dos minerais são utilizadas para separá-los. Os equipamentos podem trabalhar via seca ou via úmida e têm intensidades de campo variadas (baixa, média e alta intensidade), bem como podem tirar vantagem da conformação do campo (separação magnética de alto gradiente).

O grande desenvolvimento nas últimas décadas, advindo dos chamados "novos materiais", possibilitou um melhor conhecimento dos fenômenos magnéticos e dos materiais supercondutores, e abriu novas fronteiras nesse processo de separação mineral.

Para a perfeita compreensão dos fenômenos envolvidos, faremos uma recapitulação inicial de conceitos (Koshkin; Shirkevich, s.d.).

8.1 Conceitos básicos

8.1.1 Permeabilidade magnética

Uma região no espaço onde existam forças magnéticas atuantes é chamada de campo magnético. Se uma partícula sólida é colocada num campo magnético de intensidade H, no seu interior será gerado um campo magnético induzido, de intensidade B. A intensidade do campo induzido é dada por B = μ H, onde μ é uma constante característica do material, denominada permeabilidade magnética.

As unidades em que B e H são expressos são diferentes:

- ♦ a intensidade de campo B é medida em gauss (G). Essa unidade indica o número de linhas de força por cm^2 que irradiam de um magneto. 800 G significa que o campo tem 800 linhas de força por cm^2;

- H é medido em oersteds (Oe), que é 1 Ae/m, igual a 100 G, e em tesla (T), que é 1 G/10.000;
- para medir o fluxo magnético, usam-se o weber (Wb), que é 1 Tm², e o maxwell (Mx), que é 1 Wb/10⁸.

O símbolo μ representa o aumento relativo do fluxo magnético, em razão da presença do material magnético no interior do campo indutor. Conforme o valor e o sinal de μ, os materiais são divididos em três categorias:

1. paramagnéticos (μ > 0) - o campo induzido tem o mesmo sentido que o campo indutor e os dois campos somam-se no interior da partícula;
2. diamagnéticos (μ < 0) - o campo induzido tem o sentido oposto ao do campo indutor e o campo induzido atenua o campo final no interior da partícula;
3. ferromagnéticos (μ >> 0) - trata-se de um caso particular dos materiais paramagnéticos, em que o valor de μ é muito grande e B é da mesma ordem de grandeza de H. O campo induzido reforça energicamente o campo indutor no interior da partícula.

A Fig. 8.1 mostra o comportamento de um material paramagnético (a hematita) e de um material diamagnético (o quartzo), ambos submetidos a campos magnéticos crescentes. O campo induzido na hematita aumenta linearmente, ao passo que o campo induzido no quartzo decresce, também linearmente.

A Tab. 8.1 fornece o valor da permeabilidade magnética de alguns minerais e metais, a

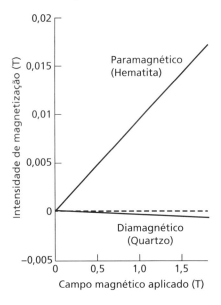

Fig. 8.1 Comportamento de um material paramagnético e um material diamagnético

intensidade de campo necessária para a sua separação e a força magnética (proporção referida ao ferro metálico como 100) gerada nesse campo.

Tab. 8.1 PERMEABILIDADE MAGNÉTICA DE ALGUNS MINERAIS

Mineral ou metal	Campo (G)	Força proporcional	Mineral ou metal	Campo (G)	Força proporcional
Fortemente magnéticos			**Muito fracamente magnéticos**		
Ferro		100	Rutilo		0,93
Magnetita		40,19	Rodonita		0,76
Franklinita	500 a	33,49	Dolomita		0,57
Leucita	5.000	17,50	Calamina		0,51
Silício		17,42	Tantalita		0,40
Pirrotita		15,43	Cerussita		0,30
Moderadamente magnéticos			Epídoto		0,30
Ilmenita		11,67	Monazita		0,30
Biotita	5.000 a	8,90	Xenotímio		0,29
Granada	10.000	6,68	Fergusonita	18.000 a	0,29
Wolframita		5,68	Zircão	23.000	0,28
Fracamente magnéticos			Cerargirita		0,28
Hematita		4,64	Argentita		0,27
Columbita		4,08	Ouro-pigmento		0,24
Limonita	10.000	3,21	Pirita		0,23
Cromo	a	3,12	Esfalerita		0,23
Pirolusita	18.000	2,61	Molibdenita		0,23
Rodocrosita		1,93	Bornita		0,22
Siderita		1,82	Willemita		0,21
Manganita		1,36	Tetraedrita		0,21
			Scheelita		0,15

Fonte: Marston (1977).

8.1.2 Saturação e histerese magnéticas

Quando se aumenta o campo indutor sobre uma partícula, o campo induzido não cresce indefinidamente. Ele atinge um valor limite e estabiliza-se, como mostra a Fig. 8.2.

Fato muito importante é que, ao se diminuir a intensidade do campo indutor, o campo induzido não decrescerá segundo a mesma lei com que aumentou, como mostra a Fig. 8.3. Como resultado, após a retirada do campo indutor, restará um campo induzido remanescente dentro da partícula, isto é, uma vez magnetizada, a partícula reterá um campo residual, que afetará o seu comportamento.

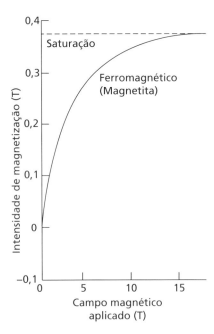

Fig. 8.2 Saturação magnética
Fonte: Marston (1977).

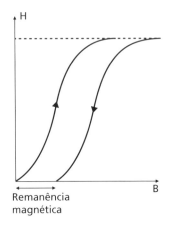

Fig. 8.3 Histerese magnética

8.1.3 Força atuante numa partícula dentro de um campo magnético

Uma partícula submetida a um campo magnético apresenta um comportamento que depende fundamentalmente da geometria do campo e da permeabilidade da partícula.

O fluxo magnético que atravessa a partícula é a soma dos fluxos decorrentes dos campos indutor e induzido. Como nas substâncias diamagnéticas os dois campos têm sentidos opostos, a densidade de fluxo diminui – as linhas de força são dispersadas. Nas substâncias paramagnéticas, por sua vez, ocorre o contrário: os dois campos se somam e as linhas de força se concentram. Se a substância for ferromagnética, isso acontecerá intensamente.

A Fig. 8.4 mostra uma partícula num campo uniforme. Ela não se moverá em direção a nenhum dos polos, qualquer que seja a sua posição. Ela apenas sofrerá rotação até alinhar seu eixo magnético com a direção do campo, como faz a agulha da bússola no campo magnético da Terra.

A Fig. 8.5 mostra outra partícula, agora num campo não uniforme, ou melhor, convergente (há um gradiente de campo): as linhas de campo convergem em direção ao polo afilado (poder das pontas). A partícula paramagnética tende a concentrar as linhas de campo, razão pela qual seu movimento buscará adensar as linhas de campo em seu interior, ou seja, será na direção da ponta. O movimento da partícula diamagnética, por sua vez, será no sentido contrário.

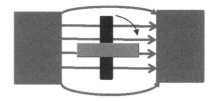

Fig. 8.4 Partícula num campo uniforme

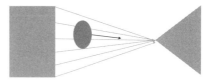

Fig. 8.5 Partícula num campo convergente

Portanto, para haver separação magnética, o equipamento de separação deve prover um campo convergente, isto é, deve ter um gradiente de campo.

A força que age sobre a partícula tem sua intensidade calculada pela fórmula de Taggart:

$$F = (\mu - \mu_o) \cdot H \cdot V \cdot \frac{dH}{dx} \qquad (8.1)$$

onde F é a força atuante sobre a partícula; μ e μ_o são as permeabilidades magnéticas da partícula e do meio; H é a intensidade do campo aplicado; V é o volume da partícula; e dH/dx é o gradiente de campo.

A consideração do efeito do volume da partícula sobre a força atuante sobre ela é muito instrutiva: o campo magnético induzido necessita de um volume finito onde possa se desenvolver. Da mesma forma, o efeito do gradiente de campo necessita de um volume finito de partícula onde possa ser significativo. Como resultado, quanto maior a partícula, mais fácil a separação – partículas muito pequenas podem não se mover, ao passo que partículas grandes se movem sempre.

Partículas grosseiras podem, portanto, ser separadas em campos de intensidade relativamente baixa. À medida que o tamanho das partículas diminui, a dificuldade para separá-las aumenta. O esforço para separar partículas cada vez mais finas levou os construtores de equipamentos a duas aproximações diferentes:

1. aumento da intensidade de campo (H), ou, mais precisamente, do fluxo magnético. Chegou-se (em 1972) aos separadores magnéticos de alta intensidade, cujos campos são gerados por eletroímãs com bobinas cada vez mais potentes. O limite físico ficava em torno de 18.000 G, por problemas com o aquecimento dos fios das bobinas e com o peso do núcleo de ferro;

2. aumento do gradiente de campo (dH/dx) – a introdução de um filamento de material ferromagnético no campo faz todas as linhas de campo convergirem para esse fio (Fig. 8.6). Dessa forma, o campo fica deformado, ou, em termos matemáticos, o seu gradiente aumenta.

Fig. 8.6 Aumento do gradiente de campo

Imagine o efeito de centenas de filamentos de aço dentro do campo magnético! Por exemplo, colocando palha de aço (bombril) dentro dele. Essa providência levou (em 1974) a uma nova geração de equipamentos, os separadores magnéticos de alto gradiente (25 Oe), capazes de serviços extremos como alvejar talco ou caulim (98% -5 μm) para papel.

Mais modernamente (1984), o aparecimento de novos materiais supercondutores permitiu aumentar o campo magnético gerado pela bobina em até 50.000 G. Da mesma forma, o uso de supercondutores a temperaturas próximas do zero absoluto (cerca de 2°K) é uma realidade, bem como o uso de todos esses recursos combinados em separadores de alto gradiente.

8.1.4 Temperatura de Curie

O nome Curie está associado a três prêmios Nobel. Em 1903, Marie Curie recebeu, juntamente com seu marido, Pierre Curie, o Nobel de Física por suas pesquisas conjuntas sobre os fenômenos da radiação. Em 1911, Marie Curie recebeu o Nobel de Química pela descoberta dos elementos rádio e polônio. Por fim, em 1935, sua filha Irene, juntamente com o marido, Jean-Frédéric Joliot, recebeu o Nobel de Química por seus trabalhos na indução artificial da radioatividade.

A notoriedade do nome Curie também está relacionada à importante descoberta dos irmãos Pierre e Jacques Curie: a da temperatura que leva seus nomes (temperatura de Curie): toda a atividade magnética cessa se as partículas são aquecidas acima de uma determinada temperatura, que é fixa para cada espécie de material: 770°C para o ferro, 358°C para o níquel, 1.120°C para o cobalto. Em princípio, cada molécula desenvolve sua polarização magnética própria. A arrumação desses dipolos é que gera o campo magnético induzido. O aquecimento aumenta a agitação molecular: agitações moderadas não chegam a prejudicar a ação do campo magnético, mas agitações intensas dispersam-no e não permitem que ele se estabeleça. Aumentando a temperatura, aumenta a agitação e o campo magnético desarranja-se.

Com base nesse conceito, faz-se a separação de espécies minerais de permeabilidades magnéticas muito próximas: aquecendo-as até uma temperatura superior à temperatura de Curie de uma delas (a mais baixa), é possível separá-las.

8.1.5 Corrente induzida

Se a passagem de uma corrente elétrica numa bobina induz um campo magnético numa partícula que estiver dentro da bobina, a movimentação de um campo magnético no interior de uma bobina também gerará uma corrente nela.

Em outras palavras, campos magnéticos em movimento induzem correntes nas partículas que se encontram em seus domínios. Os materiais (não necessariamente minérios) podem, então, ser separados com base nas suas condutividades elétricas. Consideramos o separador que tira vantagem desse efeito muito melhor enquadrado na separação eletrostática; porém, como o equipamento é basicamente magnético e fabricado pelos mesmos fabricantes de separadores magnéticos, é mais cômodo estudá-lo neste capítulo.

8.2 Equipamentos

Os primeiros equipamentos de separação magnética trabalhavam a seco. Hoje, tais equipamentos estão limitados a médias e baixas intensidades, enquanto a separação a úmido é reservada para as separações de média a alta intensidade e de alto gradiente.

A operação a seco é incômoda, devido à geração de poeiras. Ela exige que o material esteja efetivamente seco, para evitar-se o arraste mecânico de partículas para o produto errado. A regulagem do equipamento é facilitada pelo bitolamento da alimentação.

8.2.1 Separador magnético de correias cruzadas

Esse equipamento é apresentado em primeiro lugar por ser muito didático. Ele consta de um alimentador de correia, plano, de baixa velocidade, que tem sobre si um ou mais (até oito) transportadores de correia perpendiculares, cada qual circundando um ímã permanente ou um eletroímã, ambas de intensidades crescentes. O exemplo mais simples é o extrator de sucata (Fig. 8.7A), já visto no volume 5 desta série.

O material a ser separado é alimentado à correia plana. Conforme passa por baixo das correias cruzadas, as partículas magnéticas são atraídas, levantadas, aderem à correia cruzada e são arrastadas por ela até saírem do domínio do campo magnético, onde são descarregadas.

As configurações mais usuais são de duas ou três correias cruzadas, a primeira sempre sob um ímã permanente, para fazer o

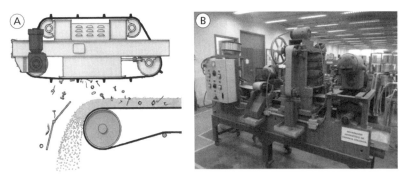

Fig. 8.7 (A) Extrator de sucata; (B) separador de correia cruzada
Fonte: Humboldt (s.n.t.).

desbaste dos materiais ferromagnéticos. A alimentação deve estar seca, o que é crítico para a seletividade da separação. A granulometria máxima é de 1/2", e finos abaixo de 100# prejudicam muito a operação, por causa do arraste mecânico e do desprendimento de poeiras. Aplicações típicas são a retirada de materiais magnéticos na recuperação de areias de fundição, na preparação de areias para vidraria e no acabamento de concentrados de cassiterita.

Nesta última aplicação, o concentrado de minerais pesados obtido por concentração gravítica é secado, peneirado para fornecer frações bem bitoladas e separado em separador de duas correias. Na primeira, retiram-se os minerais ferromagnéticos e fortemente magnéticos (magnetita e ilmenita), bem como alguma sucata presente (porcas, parafusos). Na segunda, com campos da ordem de 15.000 G, separam-se a columbita e a tantalita. A cassiterita descarrega na cabeça da correia, como produto não magnético. Muitas vezes, o mineral de cassiterita apresenta alguma permeabilidade magnética e ocorrem perdas. Então, é necessário aquecer a alimentação antes da separação magnética e tirar proveito da temperatura de Curie.

A Eriez fabrica equipamentos com correias de 6, 12, 18 e 24", velocidades variáveis entre 12 e 36 m/min e campos desde 20 até 16.000 G (Eriez, s.n.t.-a). Como regra geral, para um dimensionamento preliminar, admite-se uma capacidade de 35 a 40 kg/h por polegada de largura da correia.

8.2.2 Separadores de tambor

Existem vários equipamentos que utilizam um tambor de aço inoxidável como veículo da alimentação. Eles podem trabalhar tanto a seco como a úmido e são extremamente versáteis.

O tambor é de aço inoxidável porque esse aço é austenítico e sua permeabilidade magnética é muito inferior à dos aços-carbono, que são ferríticos.

No modelo mais comum, o tambor gira e tem em seu interior um setor com magnetos permanentes ou bobinas. As partículas magnéticas são atraídas pelo campo magnético para a superfície do tambor, ao passo que as não magnéticas continuam seu caminho. As magnéticas prendem-se à superfície do tambor, são arrastadas por ele e, quando chegam fora do setor magnético, desprendem-se e são descarregadas.

Os magnetos são montados com polaridades opostas, como mostra a Fig. 8.8. Isso, além de criar o gradiente de campo, faz com que, mudando a direção do campo, de magneto para magneto, a partícula se reoriente. Nesse movimento, partículas não magnéticas arrastadas mecanicamente são soltas, melhorando a qualidade da separação.

A Fig. 8.9 mostra dois separadores magnéticos de tambor a seco. A alimentação de ambos é feita no topo do tambor. No modelo

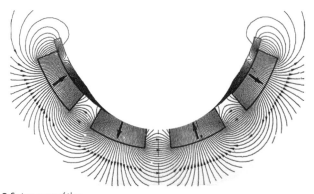

Fig. 8.8 Setor magnético
Fonte: Marinescu et al. (1987).

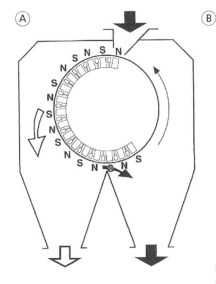

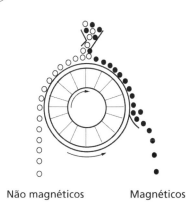

Não magnéticos   Magnéticos

Fig. 8.9 Separadores de tambor a seco
Fonte: Svedala (s.n.t.).

(A), o magneto é fixo: as partículas magnéticas são atraídas e acompanham o movimento do tambor, ao passo que as não magnéticas continuam o movimento descendente. Saindo do campo magnético, as partículas aderidas ao rolo desprendem-se. No modelo (B), o rolo é fixo e o magneto gira. A alimentação é feita de modo que as partículas se dirijam para a esquerda. As não magnéticas seguem esse caminho e descarregam pelo lado esquerdo da figura; as magnéticas são atraídas e acompanham o movimento horário do magneto, até serem raspadas, caindo do lado direito.

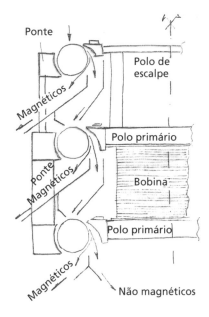

Fig. 8.10 Separador de rolos induzidos a seco
Fonte: Klöckner (s.n.t.).

A Fig. 8.10 mostra outro separador magnético a seco, o de rolos induzidos. Os três tambores são de aço maciço e ficam no entreferro de uma bobina magnética. O entreferro induz o campo magnético nos rolos, que atraem as partículas magnéticas e deixam passar as não magnéticas.

O primeiro rolo está fora do entreferro da bobina. Ele pega um pouco do campo magnético e gera o seu próprio, muito mais fraco. Sua função é de desbaste, retirando o material ferromagnético antes de este passar nos rolos em que o campo induzido é muito maior.

A Fig. 8.11 mostra o separador Rapid, ou de discos. Ele é semelhante ao de correias cruzadas, exceto que as correias são substituídas por discos metálicos que giram sobre elas. As partículas magnéticas são atraídas para o disco, aderem a ele e, quando saem do domínio magnético, desprendem-se e são lançadas fora.

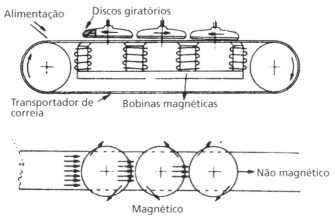

Fig. 8.11 Separador de discos a seco
Fonte: Taggart (1960).

A Fig. 8.12 mostra outro modelo, em que o tambor de cabeça de um transportador de correia tem um magneto inserido. Esse magneto pode ser um ímã permanente ou um eletroímã. O modelo denominado RE-Roll, produzido pela Eriez, tem tido grande sucesso. O RE significa *rare earths* (terras raras), para designar o ímã perma-

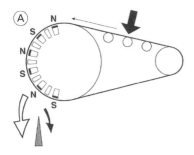

Fig. 8.12 Separador de polia a seco RE-Roll

nente que contém terras raras na sua composição, o que permite obter campos mais intensos.

Apesar de todos esses modelos de separadores de tambor que operam a seco, a operação mais comum é a úmido.

Os separadores de tambor via úmida são intensamente utilizados na indústria do fosfato: o minério contém magnetita, minério muito duro e abrasivo. A introdução de tambores no circuito de moagem (na posição em que a magnetita esteja liberada) permite retirar esse minério indesejado e, com isso, diminuir tanto o consumo energético do moinho como o desgaste de revestimentos e corpos moedores – e, de quebra, aumentar o teor de fosfato do produto da moagem.

Nos circuitos de beneficiamento de meio denso (carvão, diamantes, manganês, fluorita), como já visto no Cap. 4, os separadores de tambor via úmida são usados para recuperar e regenerar o meio denso, razão da extrema popularidade da magnetita e do ferrossilício, entre tantos outros suspensoides. Na indústria do minério de ferro, quando o minério é magnetítico, esses separadores também são intensamente utilizados. É o caso da mina de Timbopeba, em Mariana (MG).

O equipamento é o mesmo, exceto que a alimentação vem em polpa e não é mais alimentada por cima, como na separação a seco. Existem três configurações de tanque (Fig. 8.13) e é muito importante entendê-las.

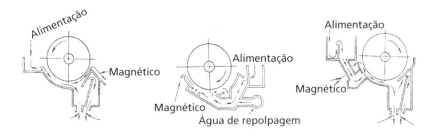

Concorrente   Contracorrente   Contrarrotação

Fig. 8.13 Separador de tambor via úmida: configurações de tanque
Fonte: Suleski (s.n.t.).

Na configuração *concorrente*, a alimentação e o produto magnético escoam no mesmo sentido, isto é, a alimentação é injetada lateralmente no tanque e o tambor gira no mesmo sentido. As partículas magnéticas são atraídas, aderem ao tambor e são arrastadas tanque acima por ele, descarregando quando acaba o domínio magnético. As partículas não magnéticas seguem a trajetória da polpa, descarregando pelo fundo do tanque.

Na configuração *contracorrente*, a alimentação é injetada pelo fundo do tanque e o tambor gira – consequentemente, o produto magnético move-se no sentido oposto ao do escoamento da polpa. As partículas magnéticas são atraídas, aderem ao tambor e são arrastadas tanque acima por ele, descarregando quando acaba o domínio magnético. As partículas não magnéticas seguem a trajetória da polpa, descarregando do outro lado.

Na configuração *contrarrotação*, a alimentação também é injetada pelo fundo do tanque, mas numa posição que obriga a um percurso maior e em oposição ao movimento do tambor. O produto não magnético é que escoa no sentido contrário ao do escoamento da polpa. As partículas magnéticas são atraídas, aderem ao tambor e são arrastadas tanque acima por ele, descarregando quando acaba o domínio magnético. As partículas não magnéticas seguem a trajetória da polpa, descarregando do outro lado.

A configuração concorrente parece ser a mais óbvia: ela permite boas vazões, fornece um produto magnético limpo e é suficiente quando a fração granulométrica é grosseira e o minério é bem liberado.

Por sua vez, a configuração em contracorrente obriga o produto magnético a mover-se em oposição à polpa. Lembre-se de que as partículas magnéticas estão aderidas ao tambor, mas sofrem rotação a cada passagem por um magneto alternado. Dessa forma, qualquer partícula não magnética que tenha sido arrastada mecanicamente e esteja presa tem a oportunidade de libertar-se e encontrar o seu próprio caminho. Essa configuração aumenta, portanto, a qualidade do produto magnético.

A separação em contrarrotação, por expor o produto não magnético a um percurso mais longo em contato com o campo magnético, tende a recuperar partículas que seriam arrastadas para o produto não magnético. Ela aumenta, portanto, a recuperação do produto magnético.

É muito comum a instalação de separadores magnéticos em série. Embora seja possível utilizar a mesma configuração de tanque para os dois estágios, a montagem concorrente/contrarrotação (Fig. 8.14) permite usar o segundo estágio como um *scavenger* do primeiro, maximizando a recuperação do produto magnético. A proporção relativa dos dois produtos é uma consideração importante na escolha da configuração do tanque.

Os equipamentos são fabricados com diâmetros de 30, 36 e 48" e comprimentos variáveis, ft a ft, de 18" (1,5 ft) a 10 ft. A Tab. 8.2 fornece as capacidades básicas.

A capacidade de projeto é um parâmetro importante. Se

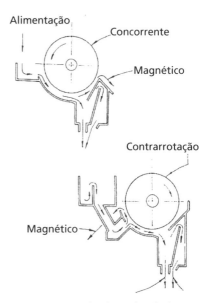

Fig. 8.14 Separador de tambor duplo
Fonte: Suleski (s.n.t.).

excedida, em princípio, acarretará perdas. A diluição de polpa é outro parâmetro importante, que precisa ser otimizado na operação.

Tab. 8.2 CAPACIDADES DE SEPARADORES MAGNÉTICOS DE TAMBOR VIA ÚMIDA*

Operação	Diâmetro (")	USGPM polpa	% sólidos	(st/h)/ft de sólidos
Ímã permanente				
Cobber**	36	100-200	35-50	10-15
	30	75-100		7,5-10
Rougher	36	100-120	35-50	8-10
	30	75-100		6-8
Finisher	36	45-60	20-30	3-5
	30	30-50		2-3,5
Eletroímã***				
Concorrente	36	70-85		5
	30	60-75		3
	48	-		8
Contrarrotação	36	70-85	5-25	-
	30	60-75		-
Tambor duplo	36	75-100		6
	30	70-95		10
	48	-		16

* Pickthall, A. **Comunicação pessoal**, 1/7/1974.
** *Cobber* = *rougher* de partículas grossas.
*** Para os separadores com eletroímã, as capacidades referem-se a material –100#.

8.2.3 Separador Gill

Esse separador é importante porque foi muito utilizado na concentração de cassiterita em Rondônia, e porque introduziu um novo conceito de projeto de equipamento. Ele foi desenvolvido para beneficiar minérios de areia de praia. Trata-se de um separador de rolo induzido, que trabalha a úmido e tem o eixo vertical. A Fig. 8.15 mostra o seu esquema construtivo, os domínios magnéticos e as posições de entrada da alimentação e de saída dos produtos.

O separador Gill é um equipamento de alta intensidade, 14.000 G, campo gerado pela bobina. O rotor tem a superfície corrugada para gerar os gradientes de campo necessários para que a força magnética se manifeste. A alimentação é introduzida entre o rotor e o entreferro, na posição em que o rotor entra no campo

8 Separação magnética 197

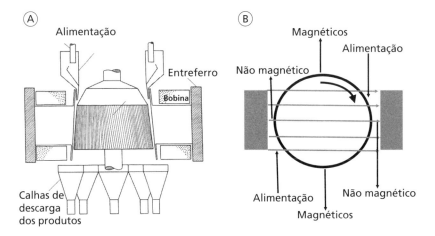

Fig. 8.15 Separador Gill
Fonte: Hudson (1968).

magnético. As partículas magnéticas são atraídas e ficam presas ao rotor. As partículas não magnéticas passam direto e são descarregadas. Eventualmente, pode haver injeção de água sob pressão para remover partículas não magnéticas presas por arraste mecânico. Quando o rotor sai do domínio magnético, outro jato d'água remove as partículas magnéticas. Com isso, o rotor está limpo e, ao reentrar no domínio magnético, o ciclo é repetido.

As variáveis operacionais são a diluição de polpa (porcentagem de sólidos), a intensidade de campo, a velocidade do rotor e as vazões de água de lavagem. A intensidade de campo pode ser variada tanto pela corrente elétrica que percorre a bobina como pela abertura entre o entreferro e o rotor (subindo ou descendo o rotor).

O equipamento é fabricado com rotores de 30 e 90 cm de diâmetro. As capacidades variam entre 450 e 2.300 kg/h para o menor, e entre 900 e 9.000 kg/h para o maior.

8.2.4 Separador de carrossel (Jones)

Esse equipamento representou o limite do separador de alta intensidade e foi projetado para grandes vazões. Ele substituiu o rotor do separador Gill por uma mesa rotativa de aço (para fechar o circuito magnético) chamada carrossel, que carrega caixas de placas onde a separação é feita. Isso torna o equipamento mais leve e permite aumentar o seu tamanho em relação ao separador Gill. A Fig. 8.16 mostra o carrossel e o circuito magnético (bobina e entreferro). Para fechar o circuito magnético, utilizam-se dois carrosséis, um em cima e outro embaixo, e cada um deles opera de modo independente, duplicando assim a capacidade do equipamento. A Fig. 8.17 mostra o esquema construtivo e de montagem do separador de carrossel.

A exemplo do separador Gill, a alimentação do separador de carrossel é introduzida entre o rotor e o entreferro, na posição em que o rotor entra no campo magnético, e isso para cada um dos dois carrosséis. As partículas magnéticas são atraídas e ficam presas às placas. A Fig. 8.18 mostra a montagem das placas. As partículas não magnéticas passam direto e são descarregadas. Quando o rotor

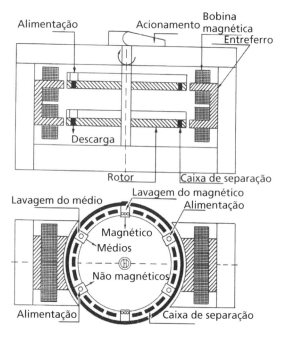

Fig. 8.16 Separador de carrossel
Fonte: Humboldt (s.n.t.).

sai do domínio magnético, um jato d'água remove as partículas de *middling*, isto é, aquelas que responderam ao campo magnético mas não tão intensamente. Por fim, completamente fora do domínio magnético, outro jato d'água retira as partículas magnéticas ainda aderidas às placas em decorrência do magnetismo remanente. Com isso, o rotor está limpo e, ao reentrar no domínio magnético, o ciclo é repetido.

O separador de carrossel é um equipamento muito grande (54 m²) e muito pesado, o que constitui a sua maior limitação. Ele exige fundações especiais. O *layout* deve prever ponte rolante e altura livre de 20 m acima dele. Na usina do Cauê, em Itabira (MG),

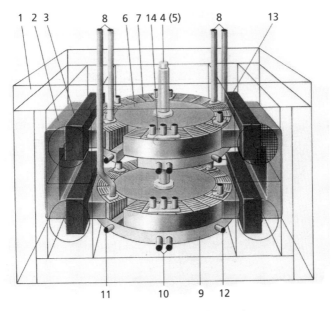

1. Estrutura
2. Entreferro
3. Bobinas
4 e 5. Acionamento do carrossel
6. Carrossel
7. Placas
8. Tubulação da alimentação
9. Calhas dos produtos
10. Descarga dos produtos magnéticos
11. Descarga dos produtos não magnéticos
12. Descarga dos *middlings*
13. Tubulações de água de lavagem dos *middlings*
14. Tubulação de água de lavagem dos magnéticos

Fig. 8.17 Esquema construtivo do separador de carrossel
Fonte: Humboldt (s.n.t.).

foram instaladas 28 unidades. Foi necessário primeiro montar os separadores e, depois, construir o edifício em volta deles.

8.2.5 Separadores de alto gradiente

Os separadores de alta intensidade tipo carrossel não utilizam apenas as placas mostradas na Fig. 8.18. Dispõe-se de uma variedade muito grande de placas, inclusive cargas de esferas de aço inoxidável austenítico. Essas placas criam gradientes diferentes, dependendo de sua geometria, conforme ilustra a Fig. 8.19.

A ideia de introduzir palha de aço (Fig. 8.20), isto é, um número muito grande de fios de aço dentro do domínio magnético do separador, permitiu criar gradientes enormes e, assim, separar partículas muito pequenas, até então inacessíveis à separação magnética. Por serem paramagnéticos, os fios de aço concentram as linhas de campo dentro do seu pequeno diâmetro, deformando o campo

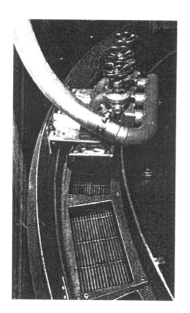
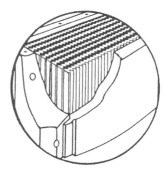

Fig. 8.18 Montagem das placas do separador de carrossel (Jones)
Fonte: Humboldt (s.n.t.).

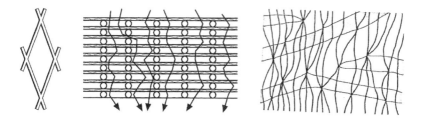

Fig. 8.19 Gradientes de campo criados por diferentes geometrias
Fonte: adaptado de Kolm, Oberteuffer e Kelland (s.n.t.) e Klöckner (s.n.t.).

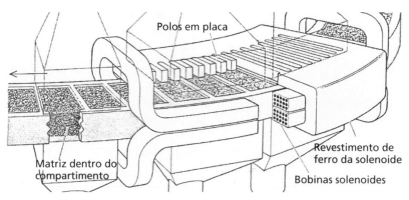

Fig. 8.20. Montagem das placas no carrossel
Fonte: Marston (1977).

ao extremo. A primeira aplicação industrial foi feita pela Eriez, para alvejar caulim (partículas inferiores a 3 µm) da Georgia (EUA).

O uso de materiais supercondutores na bobina permitiu aumentar ainda mais a intensidade de campo. O uso concomitante do alto gradiente tornou factível e econômica a separação dessas partículas tão pequenas. Hoje existem separadores de alto gradiente que trabalham com materiais supercondutores em temperaturas de 2°K. As principais aplicações são o alvejamento de caulim e talco e o processamento de águas residuais.

Os separadores de alto gradiente operam segundo o ciclo mostrado na Fig. 8.21, a saber:

1. a polpa de alimentação atravessa o campo magnético, o produto magnético é retido e o não magnético o atravessa;

2 lavagem: os médios são descarregados e permanece apenas o produto magnético retido;
3 o campo magnético é desligado;
4 injeta-se água de lavagem e o produto magnético é descarregado.

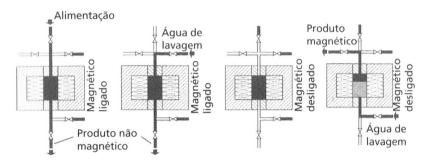

Fig. 8.21 Ciclo do separador de alto gradiente (criogênico)
Fonte: Eriez (s.n.t.-b).

8.2.6 Separador de corrente induzida

Esse tipo de separador é mostrado na Fig. 8.22. Trata-se de um separador de polia magnética sobre correia. A diferença é que, na polia de cabeça, o tambor externo é de material de

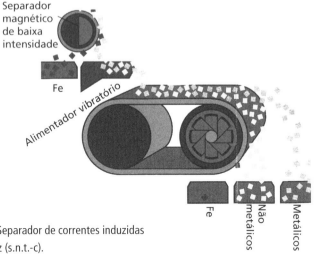

Fig. 8.22 Separador de correntes induzidas
Fonte: Eriez (s.n.t.-c).

engenharia não metálico e gira na rotação necessária à movimentação da correia. Dentro dele há um rotor magnético, com magnetos de polaridade alternada, que gira a velocidade muito mais elevada.

A movimentação do campo magnético gerado pelo rotor magnético induz correntes induzidas (*eddy currents*) nas partículas sobre a correia. Os materiais condutores como os metais ficam fortemente carregados e são repelidos, separando-se dos não metálicos, que não se carregam e seguem a trajetória normal. Mesmo metais de condutividade diferente podem ser separados.

8.3 Prática operacional

A separação magnética encontra hoje ampla utilização: processamento de minérios de ferro magnetíticos e hematíticos, alvejamento de caulins e talcos, separação de minérios de aluvião, recuperação de sucata etc.

No acabamento dos concentrados de estanho, a separação magnética retira a magnetita e a ilmenita na primeira correia de um separador de correias cruzadas; a columbita e a tantalita, na segunda correia, e deixa passar a cassiterita. São frequentes as perdas de estanho nos produtos magnéticos em razão da chamada "cassiterita magnética". Existem diferentes causas para esse magnetismo:

1. revestimentos superficiais das partículas de cassiterita com filmes de óxidos de ferro, naturais ou provenientes de alguma etapa anterior de moagem;
2. soluções sólidas de magnetita na cassiterita;
3. inclusões magnéticas na cassiterita.

Os dois últimos casos não podem ser resolvidos dentro do campo do Tratamento de Minérios, exceto, eventualmente, por meio de moagem muito fina, o que obrigaria o uso de outro modelo de separador magnético.

O primeiro caso pode ser resolvido por meio da atrição da superfície das partículas antes da separação magnética. Nesse caso, pode tornar-se interessante o processamento via úmida.

Outra prática metalúrgica de muito interesse é a "calcinação" ou "ustulação" magnetizantes: Fe_3O_4, Fe_2O_3 e Fe_7S_8 são espécies fortemente magnéticas, ao passo que a hematita, a limonita, a siderita e a pirita não o são. A transformação destas espécies numa daquelas, mediante a calcinação ou a ustulação em condições controladas, torna possível a separação magnética.

Paradoxalmente, a calcinação redutora pode acarretar perdas inesperadas. Foi o caso do minério de manganês do Amapá: a calcinação magnetizante visava reduzir a hematita (Fe_2O_3) a magnetita (Fe_3O_4), que seria eliminada na separação magnética em tambor rotativo. O que ocorreu, porém, foi a formação de jacobsita ($MnO \cdot Fe_2O_3$), com perdas de manganês no rejeito magnético.

Por fim, é importante lembrar que produtos de separação magnética frequentemente se apresentam floculados, em decorrência do magnetismo remanente. Essa floculação prejudica seriamente o manuseio em espessadores e bombas, e precisa ser destruída. Para tanto, utilizam-se bobinas desmagnetizadoras (Fig. 8.23), as mesmas referidas na regeneração do meio denso. Elas são instaladas em torno das tubulações de polpa e funcionam com corrente alternada. Os diâmetros padrão vão de 2" a 18". Para melhores resultados, recomenda-se que o trecho do tubo atravessado por ela não seja metálico (p. ex., seja de fibra de vidro).

Fig. 8.23 Bobina desmagnetizadora
Fonte: Humboldt (s.n.t.).

A Fig. 8.24 mostra um fluxograma simplificado da

usina da Cadam, em Monte Dourado (PA). A separação magnética é muito importante para diminuir a quantidade de minerais de ferro que terão que ser eliminados no alvejamento. Essa operação torna-se, portanto, muito importante, e viabiliza o processamento desses caulins.

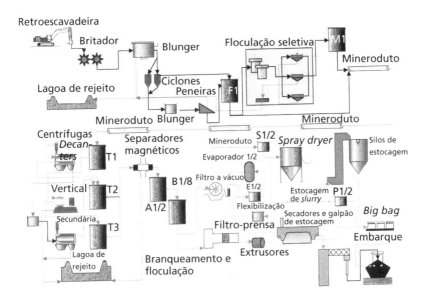

Fig. 8.24 Fluxograma simplificado da Cadam

A depiritização do carvão é outra aplicação potencialmente interessante: a pirita é muito fracamente magnética, mas, em geral, contém quantidades de pirrotita, cuja resposta é muito maior (ver Tab. 8.1). A possibilidade dessa separação foi demonstrada por um pesquisador brasileiro, o Dr. Sérgio Trindade, no início dos anos 1970.

Como para qualquer outra operação unitária de concentração, para a separação magnética também se aplicam os estágios *rougher*, *cleaner* e *scavenger*. Isso precisa ser levado em conta no projeto de novos circuitos e, no caso de separadores magnéticos de tambor, a configuração do tanque para cada estágio é consideração de máxima importância.

Muitas vezes ressaltada ao longo deste texto, a presença de materiais ferromagnéticos é um fator de perturbação muito grande na operação. Observe que sempre se tomam precauções para eliminá-los antes que comece a separação magnética de interesse. Isso pode ser notado na Fig. 8.7B, na qual a primeira correia cruzada sempre está sob um ímã permanente; na Fig. 8.10, na qual o separador de rolos induzidos tem um estágio preliminar para escalpá-los; e na Fig. 8.22, na qual um separador de tambor retira os ferromagnéticos antes de entrarem no separador de correntes induzidas.

A recuperação do meio denso (ferrossilício ou magnetita) é uma aplicação muito importante para separadores magnéticos de tambor. As três configurações de tanque são utilizadas, mas é importante conhecer o resultado das suas aplicações (Sealy; Casarin, s.n.t.):

1. *Tanque concorrente*: produz um produto magnético limpo. Como esse produto precisa percorrer toda a extensão do magneto, ele é agitado maior número de vezes que em qualquer outra configuração, de modo que desprende qualquer partícula não magnética porventura arrastada mecanicamente. Como o fluxo alimentado tem a mesma direção da rotação do tambor, o desgaste deste é minimizado. Essa configuração de tanque gera o produto magnético de mais elevada porcentagem de sólidos.

2. *Tanque contrarrotação*: como já assinalado, fornece elevada eficiência de separação. Como o percurso da polpa sobre o magneto é curto, as partículas magnéticas são removidas rapidamente, e essa configuração torna-se capaz de manusear alimentações com proporções elevadas de magnéticos ou vazões maiores que a das outras configurações. Isso não implica perda de eficiência, pois alguma partícula magnética que se desprenda do tambor voltará a atravessar o campo magnético na sua trajetória em direção ao ponto de descarga dos não magnéticos.

3 *Separador de tambor duplo*: o modelo padrão tem um separador concorrente, que retira um produto magnético acabado e envia o produto não magnético para um separador contrarrotação. O primeiro separador fornece um produto magnético limpo e com elevada porcentagem de sólidos; o segundo recupera qualquer perda eventual do primeiro e assegura a recuperação elevada do meio denso.

Para a recuperação de meio denso, usam-se tambores de 30, 36 e 48" de diâmetro. As larguras do tambor variam de 18" (1,5 ft) a 10 ft. O campo magnético dos equipamentos da Eriez foi padronizado em 500 G, medido a 2" do tambor. O controle do nível dentro do tanque é uma variável operacional muito importante. A maioria dos separadores tem um ladrão para mantê-lo constante e recircula o meio denso extravasado. Vazões excessivas acarretam perda de meio denso. As capacidades mostradas na Tab. 8.3 não devem ser excedidas.

A porcentagem de sólidos da alimentação também é outro parâmetro importante. Os valores recomendados são (% em peso):

- concorrente: 20%;
- contrarrotação: 25%;
- tambor duplo: 50%.

A relação entre magnéticos e não magnéticos também é crítica. Se os não magnéticos são 40% da alimentação ou mais, a eficiência cai. Recomenda-se, então, selecionar um separador de tambor duplo.

Os separadores também têm uma capacidade limitada de remoção de magnéticos, acima da qual ocorrem perdas. Os valores-limite recomendados são mostrados na Tab. 8.4.

Tab. 8.3 Capacidades máximas para separadores de tambor

Diâmetro (")	Capacidade (USGPM/ft)*
30	80
36	100
48	125
Tambor duplo	20 a mais que no separador simples

* ft de largura do tambor.

Tab. 8.4 Capacidades máximas para separadores de tambor

Tanque	Diâmetro (")	(t/h)/ft
Concorrente	30	3
	36	5
	48	8
Tambor duplo	30	6
	36	10
	48	16

Os parâmetros operacionais mais importantes são a vazão de alimentação, a vazão de *middlings* (recirculação) e a porcentagem de sólidos da alimentação. Para a usina do Cauê (Itabira-MG), no início da sua operação, esses valores eram, respectivamente, 120 t/h no Jones de finos e 80 t/h no de grossos, 35% de *middlings* e 55% de sólidos em peso.

A qualidade do material das placas é crítica, razão pela qual recomenda-se o aço inoxidável ao cromo, série AISI 400. A vida média é de 15.000 horas; a corrente nas bobinas, de 300 A; e a pressão das águas de lavagem, de 1,4 kg/cm².

As placas entopem com muita facilidade, o que afeta a disponibilidade da usina. No projeto inicial, os separadores recebiam todo o minério, faziam a separação e, então, o produto magnético era classificado em ciclones para dar o *sinter feed* e o *pellet feed*.

Se as placas eram espaçadas para o tamanho do *sinter feed*, as partículas finas de *pellet feed* passavam direto, sem serem separadas; se elas eram apertadas para atender à especificação do *pellet feed*, as partículas mais grossas as entupiam.

Na revisão do projeto, feita pelo professor Paulo Abib em 1972, ele especializou os separadores: parte deles era dedicada ao *sinter feed*, trabalhando com abertura maior entre as placas, e parte era dedicada ao *pellet feed*, trabalhando com aberturas mais apertadas. Evidentemente, a classificação teve de passar a ser feita antes da separação magnética.

A Fig. 8.25 mostra um fluxograma muito simplificado do projeto de modificação do Cauê, com os balanços de massas e metalúrgico do minério processado àquela época.

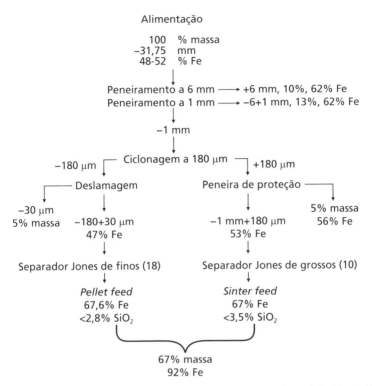

Fig. 8.25 Fluxograma básico da separação magnética na usina do Cauê (Itabira-MG)

Para Queiroz (2005 apud Ferreira, 2012), as estruturas mineralógicas e físicas dos minerais influenciam diretamente o processo de concentração magnética. Os pontos mais relevantes destacados por esse autor são:

- porosidade elevada das partículas (maior que 30% da área) exige que a água de lavagem do concentrador magnético seja aplicada com menor pressão, e/ou que se trabalhe com um *gap* mais fechado e/ou um percentual de sólidos mais elevado na polpa de alimentação, a fim de garantir recuperação em massa;
- quartzo mais grosso que os minerais de ferro resulta num efeito negativo quanto à recuperação mássica, pela necessidade de abertura do *gap* para evitar entupimentos por "engaiolamento", causando, ao mesmo tempo,

perda das partículas mais finas dos minerais de ferro de granulometria mais fina;
- quartzo com inclusões de hematita tende a ser recuperado no produto magnético de alta intensidade de campo. Esse caso é frequente em minérios especularíticos;
- quartzo com rugosidade elevada tende a aderir à superfície dos minerais de ferro, podendo ser direcionado ao concentrado;
- magnetita preservada, relictual ou associada prejudica a concentração magnética de alta intensidade, razão pela qual se deve evitar qualquer quantidade;
- partículas menores que 0,075 mm tendem a constituir o rejeito da concentração magnética convencional aplicada em minério de ferro. Constatou-se que os separadores magnéticos convencionais aplicados em minério de ferro perdem eficiência de separação para particulados menores que 0,045 mm.

Exercícios resolvidos

8.1 (Extraído de Sealy e Casarin, s.n.t.) Selecionar o separador magnético de tambor para recuperar meio denso de um lavador de carvão. A alimentação será de 600 USGPM, polpa a 35% de sólidos em peso, contendo 39 t/h de magnetita e 26 t/h de finos de carvão. Deseja-se adensar o meio denso para 1,85 ou acima.

Solução:

a] Volume de polpa: 600 USGPM podem ser alimentados a qualquer dos três diâmetros de tambor, desde que se forneça o comprimento necessário, conforme:

Diâmetro (")	USGPM/ft	ft necessários
30	80	7,5
36	100	6,0
48	125	4,0
30 duplo	100	6,0
36 duplo	120	5,0
48 duplo	145	4,1

b] Diluição de polpa da alimentação: 35% de sólidos remetem a um separador duplo. Da tabela apresentada em [a], escolhemos o tambor duplo de 36", com 5 ft de comprimento.

c] Proporção de magnéticos na alimentação: essa consideração não afeta o dimensionamento, apenas a expectativa de qualidade da separação. Como a alimentação de sólidos é de 39 t/h de magnetita + 26 t/h de carvão, tem-se t/h total = 65. Então, a relação magnéticos/total = 39/65 = 60%. Essa proporção permite esperar um produto magnético limpo.

d] Recuperação de magnéticos: em 5 ft de comprimento e 39 t/h de magnetita, tem-se 39/5 = 7,8 (t/h)/ft de comprimento do tambor. Isso é demais para o tambor de 30", mas é atendido perfeitamente bem pelo tambor de 36".

e] Densidade de polpa do produto magnético: deverá ser acertada no balanço de águas do equipamento. Por exemplo:

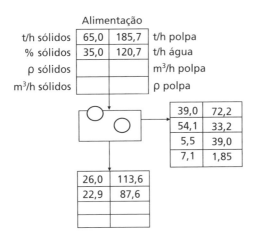

Note que só calculamos a densidade de polpa para a magnetita recuperada. Esse parâmetro não interessa para os demais fluxos. Note também que não consideramos nenhuma água de lavagem nem retorno do meio denso (para manter o nível do tanque).

8.2 (Adaptado de Sealy e Casarin, s.n.t.) Selecionar o separador magnético de tambor para recuperar meio denso de outro lavador de carvão. A alimentação será de 6.250 USGPM, polpa a 45% de sólidos em peso, contendo 804 t/h de magnetita (80% em peso) e 26 t/h de finos de carvão (20% em peso). Deseja-se adensar o meio denso para 1,95.

Solução:

Repetiremos as considerações do exemplo anterior. Em princípio, também neste exemplo, qualquer diâmetro de tambor tem condições de atender à capacidade desejada. Já os 45% de sólidos na alimentação indicam separadores de tambor duplos. Destes, a maior capacidade é do separador de 48", 145 USGPM/ft: 6.250 USGPM/(145 ISGPM/ft) = 43,1 ft, adotado 43 ft.

804 t/h/43 ft = 18,7 (t/h)/ft > 16 (t/h)/ft máximo admissível. É necessário, então, aumentar o comprimento:

(18,7/16) × 43 = 50 ft, comprimento adotado.

Como o maior separador fabricado tem 10 ft de comprimento, serão necessários cinco separadores duplos de tambor, de 48" de diâmetro por 10 ft de comprimento.

Referências bibliográficas

ERIEZ MAGNETICS. Laboratory and pilot plant models IMR high intensity electromagnetic separators. *Folheto*. [s.n.t.-a].

ERIEZ MAGNETICS. Superconducting high gradient magnetic separation system. *Catálogo*. [s.n.t.-b].

ERIEZ MAGNETICS. Permanent rare-earth eddy current non-ferrous metal separator. *Brochura SB-780D*, 1990. [s.n.t.-c].

FERREIRA, M. T. S. *Princípios de beneficiamento revisados*. Minuta de monografia, julho 2012.

HUDSON, S. B. The Gill high intensity wet magnetic separator. Separata, Paper B-6: *VIII International Mineral Processing Congress*, Leningrado, 1968.

HUMBOLDT-WEDAG. Jones wet high intensity magnetic separator. *Catálogo 4-720e*. [s.n.t.].

KLÖCKNER-HUMBOLDT-DEUTZ AG. Humboldt electromagnetic induced-roll separator. *Catálogo*. [s.n.t.].

KOLM, H.; OBERTEUFFER, J.; KELLAND, D. High gradient magnetic separation. *Sala Magnetics*. Publicação interna. Xerox. [s.n.t.].

KOSHKIN, N. I.; SHIRKEVICH, M. G. *Handbook of elementary physics*. Moscow: Foreign Languages Publishing House, [s.d.].

MARINESCU, M.; MARINESCU, N.; UNKELBACH, K. H.; SCHNABEL, H. G.; ZOLLER, R.; WAGNER, R.; HOCK, S. New rare earth permanent magnet structure for producing optimal magnetic fields in magnetic separation devices. Comparison with previous systems. Separata de: *International Workshop on Rare-Earth Magnets and their Applications*, 1987.

MARSTON, P. G. The use of electromagnetic fields for the separation of materials. Separata de: *World Eletrochemical Congress*, Moscou, 1977.

QUEIROZ, L. A. *Treinamento de mineralogia*. Interpretação mineralógica aplicada em definição de rota de processo de minério de ferro. Mariana-MG: Vale, 2005.

SEALY, G. D.; CASARIN, J. Magnetic recovery of magnetite and ferrosilicon from heavy media circuits. *Eriez Magnetics*. Publicação interna. Xerox. [s.n.t.].

SULESKI, J. New magnets and tank designs for wet magnetic drum separators. *Eriez Magnetics*. Brochura. [s.n.t.].

SVEDALA. Basic - selection guide for process equipment. *Manual*. [s.n.t.].

TAGGART, A. F. *Handbook of mineral dressing*. New York: J. Wiley & Sons, 1960.

9 Separação eletrostática

A separação eletrostática é um processo de aplicação restrita e só é feita via seca. Esta é, aliás, a sua principal limitação, pois o processo é extremamente sensível à presença de umidade nas partículas ou na atmosfera. Quando a umidade atmosférica é excessiva, próxima do ponto de orvalho, ocorrem descargas para a atmosfera na forma de raios azulados. Em Rondônia, só era possível trabalhar durante a noite e nas primeiras horas da manhã. Conforme aumentava o calor do dia (e a umidade atmosférica), tornava-se impossível trabalhar.

Outra restrição é a granulometria da alimentação, que precisa ser restrita em razão da própria dinâmica dos equipamentos, do desprendimento de poeiras e do arraste mecânico.

O maior campo de aplicação da separação eletrostática é no acabamento de minerais pesados, mas hoje vem ganhando espaço na reciclagem, especialmente na separação de plásticos e metais.

Trata-se de um processo caro, em razão do custo elevado, da baixa capacidade dos equipamentos e da necessidade de condicionar a atmosfera do recinto. Por isso, geralmente só é utilizado como última solução.

Para minérios complexos – tome-se o exemplo real de um pré-concentrado de minerais pesados contendo zirconita (predominante), cassiterita, columbita-tantalita, pirocloro e xenotima –, a separação eletrostática pode ser um estágio *rougher* da concentração final: separa os minerais condutores (cassiterita, columbita-tantalita, pirocloro, óxidos de ferro) dos não condutores (zirconita, xenotima). Nesse exemplo, o separador eletrostático é incapaz de produzir um concentrado final, o que é conseguido nos estágios seguintes do fluxograma da concentradora final, com separações magnéticas, eletromagnéticas e, novamente, separação eletrostática (tipo de placas).

9.1 Conceitos básicos

9.1.1 Comportamento da partícula no campo elétrico

Num campo eletrostático, qualquer partícula sofrerá polarização, isto é, aparecerão em sua superfície cargas elétricas orientadas segundo o sentido do campo, ou seja, tanto positivas como negativas.

Em termos elétricos, distinguem-se os materiais como *condutores* ou *não condutores*. As partículas condutoras, uma vez polarizadas, se estiverem em contato com uma superfície condutora também polarizada, cedem-lhe as cargas de sentido oposto e ficam carregadas. As partículas não condutoras, por sua vez, não têm essa capacidade de ceder cargas e, mesmo em contato com a superfície, continuam polarizadas, mas com carga neutra.

Essa propriedade das partículas faz toda a diferença em termos de movimento dentro de um campo elétrico. Conforme mostra a Fig. 9.1, em princípio, as partículas não condutoras apenas se orientariam no campo elétrico. Na realidade, isso ocorre somente para baixas intensidades e gradientes de campo. À medida que a intensidade e o gradiente de campo eletrostático aumentam, a partícula tende a se mover na direção do polo de maior densidade de campo.

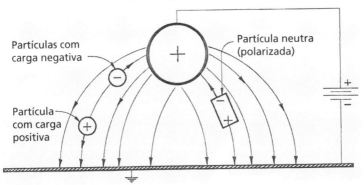

Fig. 9.1 Comportamento das partículas no campo elétrico

9.1.2 Carregamento elétrico de partículas

O carregamento de partículas pode ser feito de diferentes maneiras:

a) por efeito Corona: imagine um capacitor de alta voltagem constituído por um eletrodo filamentar (um fio) e outro extenso (uma placa de área considerável). O campo eletrostático gerado é tão intenso que o eletrodo filamentar passa a irradiar elétrons na direção do outro eletrodo. Conforme as partículas são apresentadas a esse campo, elas são bombardeadas pelo fluxo de elétrons e ficam carregadas negativamente;

b) por indução condutiva: as partículas são apresentadas ao campo elétrico, polarizam-se e, então, são colocadas em contato com uma superfície condutora. As partículas condutoras cedem a essa superfície suas cargas de sentido oposto, ficando carregadas com o mesmo sinal da superfície. As partículas não condutoras estão polarizadas; porém, como não cederam cargas, têm sua carga total balanceada;

c) por atrito ou contato: o atrito com outros materiais ou entre as próprias partículas, em muitas circunstâncias, é suficiente para carregá-las. A carga superficial média das partículas é elevada, em razão do fornecimento de energia externa.

9.1.3 Potencial de indução e reversibilidade

A polaridade induzida na partícula mineral é proporcional à intensidade do campo eletrostático. Para cada espécie mineral existe uma tensão mínima capaz de gerar a polaridade necessária ou de vencer a resistência de contato com a superfície para a qual essa espécie descarregará – condição necessária para uma separação efetiva. Em outras palavras, certas espécies minerais só se tornarão condutoras a partir de um determinado nível mínimo de tensão.

Alguns minerais têm comportamento variável, agindo ora como condutores, ora como não condutores. Trata-se das espécies chamadas reversíveis. Dependendo da natureza do mineral, a mudança de comportamento se dá em potenciais positivos ou negativos. A blenda, por exemplo, torna-se condutora acima de 8.250 V, quando a polaridade do eletrodo é positiva – é o que se chama de reversível positiva a 8.250 V. Já a calcita não é condutora com eletrodo positivo, mas, com eletrodo negativo e acima de 10.920 V, torna-se condutora – ela é reversível negativa a 10.920 V.

A Tab. 9.1 fornece os potenciais de indução para algumas espécies minerais.

Tab. 9.1 Potenciais de indução (V)

Reversíveis positivos	Potencial	Não reversíveis	Potencial
Enxofre	10.920	Grafite lamelar	2.800
Crisocola	5.460	Grafite *flake*	3.590
Calcita	10.920	Arsênio	6.550
Dolomita	8.270	Antimônio	7.800
Magnesita	8.580	Bismuto	4.680
Aragonita	14.800	Argentita	6.550
Rhodolita	16.380	Basalto	7.800
Almandita	9.200	Estibinita	6.860
Topázio	12.480	Molibdenita	7.020
Muscovita	2.964	Galena	6.860
Serpentina	6.080	Calcocita	6.520
Apatita	11.700	Pirrotita	6.550
Anidrita	7.800	Bornita	4.680
Gipsita	7.640	Pirita	7.800
Carvão betuminoso	4.060	Esmaltina	6.400
Carvão coqueificável	6.240	Marcassita	5.460
Zircônio	11.080	Halita	4.060
		Fluorita	5.150
Reversíveis negativos	**Potencial**	Coríndon	13.730
Blenda	8.580	Hematita	6.240
Chert	8.890	Ilmenita	7.020
Quartzo-fumado	9.670	Magnetita	7.800
Flint	10.140	Franklinita	8.110
Quartzo-hialino	13.420	Cromita	5.620
Quartzo-leitoso	14.820	Rutilo	7.330
Bauxita	8.580	Pirolusita	4.680
Smithsonita	2.480	Limonita	8.580
Oligoclásio	6.240	Siderita	7.180

Tab. 9.1 Potenciais de indução (V) (cont.)

Reversíveis negativos	Potencial	Não reversíveis	Potencial
Enstatita	7.800	Rhodocrosita	8.580
Piroxênio	6.080	Microclínio	7.490
Hornblenda	7.020	Labradorita	4.990
Zircônio	11.700	Nefelina	6.240
Axinita	10.290	Granada	18.000
Turmalina	7.170	Almandita	12.840
Caulinita	6.710	Cianita	9.200
		Calamina	9.050
		Lepidolita	4.990
		Biotita	4.840
		Talco	6.550
		Bentonita	3.590
		Monazita	6.550
		Barita	5.770
		Wolframita	7.330
		Antracito	3.588

Fonte: Carpco (s.n.t.).

9.2 Equipamentos

9.2.1 Separador condutivo

Esse equipamento é esquematizado na Fig. 9.2. Ele é constituído de um alimentador vibratório (não é mostrado na figura), um eletrodo, um tambor aterrado e caixas para recepção de produtos.

As partículas polarizam-se pela ação do campo elétrico. As partículas condutoras descarregam para o tambor, ficando carregadas com carga oposta à do eletrodo, e assim são atraídas em sua direção, acabando por cair afastadas do tambor. Já as partículas não condutoras continuam com carga neutra (equilibrada) e caem na vertical. Essa sequência é mostrada na Fig. 9.3.

Fig. 9.2 Separador condutivo
Fonte: Carpco (s.n.t.).

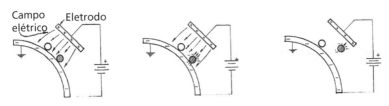

Fig. 9.3 Sequência de carregamento e separação do separador condutivo
Fonte: Carpco (s.n.t.).

Os separadores condutivos caracterizam-se pelos seguintes aspectos:

1. capacidade média, em torno de 100 (lb/h)/polegada, o que equivale a 1.790 (kg/h)/m;
2. eficiência menor que os de eletrodo irradiante;
3. voltagens até 30.000 V, corrente contínua;
4. amperagens até 0,05 mA por eletrodo.

Suas aplicações típicas estão no acabamento de concentrados de rutilo e zircônio, na remoção de sílica de fosfatos e na remoção de contaminantes na indústria de alimentos.

9.2.2 Separador de eletrodo irradiante

Esse equipamento é mostrado na Fig. 9.4. Ele é constituído de um alimentador vibratório, um eletrodo irradiante, um tambor e três caixas para recepção de produtos. Eventualmente pode existir um eletrodo adicional para criar outro campo e reforçar o mecanismo de separação.

Cria-se a diferença de potencial entre o eletrodo filamentar e o tambor (o equipamento trabalha em corrente contínua). O efeito Corona faz com que ocorra a descarga de cargas entre os dois e

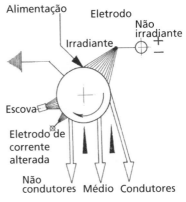

Fig. 9.4 Separador de eletrodo irradiante
Fonte: Reichert (s.d.).

as partículas que entram no campo são bombardeadas e adquirem cargas negativas.

O mesmo eletrodo cria um campo eletrostático entre si e a superfície do tambor (que está ligada à terra ou a um polo oposto ao do eletrodo irradiante). As partículas carregadas são atraídas para a superfície do tambor. A alimentação é dosada para formar uma camada de monopartículas sobre ele.

As partículas condutoras cedem cargas ao tambor e ficam descarregadas; elas não sofrem mais a ação do campo eletrostático, e caem na vertical quando atingem essa posição sobre o tambor. As partículas não condutoras continuam carregadas e aderidas ao tambor; só caem quando são raspadas ao final do curso. Essa sequência é mostrada na Fig. 9.5.

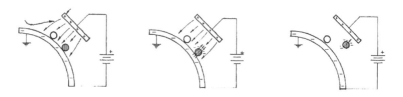

Fig. 9.5 Sequência de carregamento e separação do separador de eletrodo irradiante
Fonte: Reichert (s.d.).

Os separadores de eletrodo irradiante caracterizam-se pelos seguintes aspectos:
1. alta capacidade, em termos de separação eletrostática, o que significa 150 (lb/h)/polegada, o que equivale, por sua vez, a 2.680 (kg/h)/m;
2. voltagem elevada, até 40.000 V, em corrente contínua;
3. baixa amperagem, de 0,5 a 1 mA por eletrodo.

Existe uma calha intermediária para recolher uma certa porção de *middlings*, que se recomenda regular para aproximadamente 30%. Esses *middlings* são recirculados.

Suas aplicações típicas estão na separação dos concentrados pesados de minerais de praia, na separação de sílica de cromitas, na produção de superconcentrados de hematita, na separação de plásticos e metais na sucata, e na purificação de areia para vidraria.

9.2.3 Separador triboelétrico

Esse tipo de separador ainda está em desenvolvimento, não existindo aplicações comerciais. As partículas minerais são carregadas por atrito (triboeletrização) e alimentadas a um capacitor, como mostra a Fig. 9.6, o qual age como separador.

A sequência de carregamento e separação do separador triboelétrico é mostrada na Fig. 9.7.

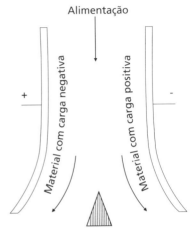

Fig. 9.6 Separador triboelétrico
Fonte: Carpco (s.n.t.).

Fig. 9.7 Sequência de carregamento e separação do separador triboelétrico
Fonte: Carpco (s.n.t.).

9.2.4 Separador de gradiente de campo

Esse separador destina-se a partículas não condutoras: o campo elétrico tem um gradiente capaz de fazer as partículas polarizadas moverem-se na direção da maior densidade de campo (Fig. 9.8).

A separação depende da capacidade das espécies minerais polarizarem-se com maior ou menor intensidade. Depende também da massa das partículas, mas não é afetada nem pela temperatura nem pela umidade. O desempenho do separador de gradiente de

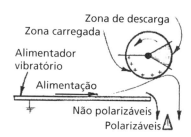

Fig. 9.8 Separador de gradiente de campo
Fonte: Carpco (s.n.t.).

campo é semelhante ao dos separadores condutivos.

A sequência de polarização, orientação e separação é mostrada na Fig. 9.9.

Os separadores de gradiente de campo trabalham em voltagens elevadas (até 80.000 V) e corrente contínua de intensidade que chega a 2 mA. Suas aplicações típicas estão na recuperação de sucatas de embalagens de alimentos, na separação de fibras de chá e na separação de papéis e plásticos.

Fig. 9.9 Polarização, orientação e separação do separador de gradiente de campo
Fonte: Carpco (s.n.t.).

9.2.5 Separador de tela (*screen plate*)

Esse equipamento foi projetado especificamente para funcionar como *cleaner* de partículas não condutoras. O capacitor é constituído de uma placa superior, de dimensões consideráveis, e de uma tela colocada debaixo dele, como mostra a Fig. 9.10. A tela tem abertura maior que o tamanho das partículas.

O campo elétrico é formado entre o eletrodo e a tela. As partículas são alimentadas por gravidade e as condutoras, carregadas, são levantadas sobre a tela e descarregam após ela, ao passo que as partículas não condutoras, com carga neutralizada, passam através da tela.

O equipamento padrão tem dois módulos em paralelo, como mostrado na Fig. 9.10, e dois outros módulos debaixo destes, para fazer o *cleaner* ou o *scavenger* (montagem em série), ou para trabalhar em paralelo. A capacidade típica é de 150 t/h para operação em paralelo ou de 75 t/h para operação em série.

9.3 Prática operacional

A Fig. 9.11 mostra o equipamento de laboratório para desenvolvimento/otimização de processo de separação eletrostática. Não é um equipamento industrial, e o objetivo de mostrá-lo aqui é evidenciar a quantidade de parâmetros operacionais e de variáveis a serem consideradas.

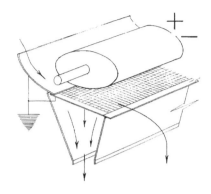

Fig. 9.10 Separador de tela (módulo)
Fonte: Reichert (s.d.).

O equipamento é confinado e tem lâmpadas infravermelhas para manter a atmosfera seca e aquecida, se desejado. Dispõe de um alimentador vibratório para variar a vazão e a altura da camada de partículas sobre o tambor. A velocidade do tambor também é regulável. Tem três eletrodos, um filamentar e dois tubulares, cuja

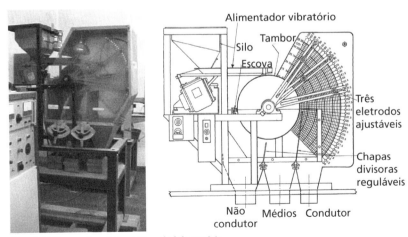

Fig. 9.11 Separador eletrostático de laboratório
Fonte: Eriez (s.d.).

posição pode ser variada até o ponto ótimo e registrada a partir da malha referencial ao fundo. O primeiro eletrodo é irradiante e os outros dois criam campos auxiliares, se desejado. Há três saídas de produtos, reguláveis mediante o posicionamento de *splitters*, cuja inclinação também pode ser registrada. Finalmente, uma escova varre as partículas que permanecem aderidas ao tambor. O campo pode ser variado até 30.000 V.

A Fig. 9.12 mostra alguns esquemas de operação industrial, conforme descritos em Carpco (s.n.t.).

Outra aplicação típica é no acabamento de concentrados de cassiterita. O minério de aluvião é concentrado por jigagem, rejeitando enormes quantidades de areia e fornecendo um concentrado de minerais pesados que contém ilmenita, columbita-tantalita, zirconita, granadas e cassiterita. Uma etapa de separação magnética retira a ilmenita e a columbita-tantalita. O produto não magnético é, então, submetido à separação eletrostática, que era feita em separadores de eletrodo irradiante. A cassiterita é condutora e a zirconita e as granadas são não condutoras.

A INB processa concentrados de minerais de praia em sua usina em Buena (São Francisco de Itabapoana-RJ) (Schnellrath et al., 2001). Esses minerais são lavrados na praia e concentrados no local por espirais concentradoras. O concentrado de minerais pesados, contendo ilmenita, zirconita, rutilo e monazita, é seco e transportado para Buena.

Nessa usina, um circuito inicial de separadores magnéticos de tambor retira a ilmenita e a monazita, que são separadas por separadores eletrostáticos. O produto não condutor contém monazita, quartzo, silimanita e limonita, que são separados em mesa vibratória. Os pesados vão para um separador magnético, que retira a monazita. O produto não magnético é principalmente zirconita.

A qualidade da superfície é fundamental na separação eletrostática, pois tanto a polarização como a condução das cargas ocorrem nessa superfície e através dela. Assim, para a boa separação das espécies, é preciso que as partículas estejam limpas e secas. Quaisquer recobrimentos superficiais de argila, limonita ou material orgânico são prejudiciais.

A umidade relativa da atmosfera, como já mencionado, é fator crítico. O aquecimento dos minérios frequentemente auxilia a separação.

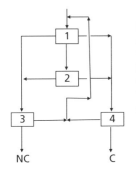

Minério de ferro (especularita e hematita)
Alimentação: 50% Fe
Concentrado: 66% Fe, <2% SiO$_2$
Recuperação Fe: 95%
Granulometria: −1 mm
Temperatura: 93°C
Capacidades: 500 e 100 t/h

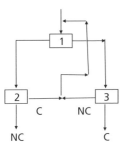

Areias de praia - concentrado de minerais pesados, 85% de teor
Concentrado: 99% TiO$_2$ (rutilo e ilmenita)
Recuperação TiO$_2$: 98%
Granulometria: −16+400#
Temperatura: 93°C
Capacidades: 50 t/h

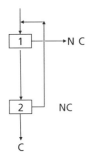

Sucata de fios elétricos   1   2
Alimentação: metálicos: 60%   5%
              plásticos: 40%   95%
Concentrado: metálicos: 99%
              plásticos: 99,8%
Recuperação: metálicos: 95%
              plásticos: 90%
Granulometria: −1/2"
Temperatura: ambiente (seca)
Capacidade: 5.000 lb/h

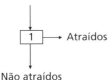

Chá: 10% de fibras indesejáveis
Produto: 99,8% de chá
         0,2% de fibras
Eficiência da remoção: 95%
Temperatura: ambiente

Fig. 9.12 Esquemas de operação industrial

Os limites de tamanho são fatais. 8# e 200# são os limites operacionais superior e inferior. Recomenda-se sempre que o minério esteja bem bitolado.

Referências bibliográficas

CARPCO. An introduction to electrostatic separation. *Folheto*. [s.n.t.].

ERIEZ MAGNETICS. High tension and electrostatic separator. *Catálogo SB-618*. Erie: Eriez Manufacturing Co., [s.d.].

REICHERT MINING. Electrostatic separators, screen plate type. *Bulletin ESB271*. Southport: Mineral Deposits Ltd., [s.d.].

SCHNELLRATH, J.; MONTE, M. B. M.; VERAS, A.; RANGEL Jr., H.; FIGUEIREDO, C. M. V. Minerais pesados - INB. In: SAMPAIO, J. A.; DA LUZ, A. B.; LINS, F. A. F. *Usinas de beneficiamento de minérios do Brasil*. Rio de Janeiro: Cetem/MCT, 2001. p. 187-197.

Lavra e beneficiamento de minério de aluvião

10

10.1 Conceito de mineral pesado

Alguns minerais, como ouro, diamante, cassiterita, wolframita, ilmenita, rutilo e hematita, entre outros, são chamados de minerais pesados. Eles têm em comum pesos específicos mais elevados que a maioria dos demais minerais. Na lista apresentada, com exceção do ouro e do diamante, que são minerais de composição elementar, tem-se minerais oxidados ao maior grau de oxidação possível para o metal.

A Fig. 10.1 mostra um veio mineralizado. Em superfície, esse veio sofreu a ação do tempo – calor, chuvas e o oxigênio do ar o intemperizaram e fragmentaram. A chuva e o vento levaram esses fragmentos morro abaixo – grande parte deles formada por partículas minerais liberadas –, e uma parte deles foi levada até o curso d'água no fundo do vale, onde a água corrente tratou de completar o processo de transporte.

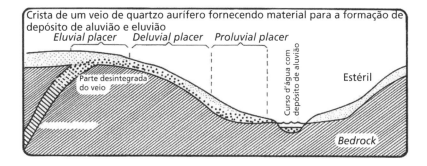

Fig. 10.1 Formação de depósitos de minerais pesados
Fonte: Chaves (1985 apud Lewis, 1982).

Nesse processo, todo ele desenvolvido em ambiente fortemente oxidante, qualquer mineral que estiver num estado mais baixo de oxidação será oxidado. Um sulfeto – por exemplo, a pirita (FeS$_2$) – será oxidado inicialmente a sulfato [Fe$_2$(SO$_4$)$_3$] e, finalmente, a hematita (Fe$_2$O$_3$). Portanto, todos os minerais fora do filão original e na parte superior deste estarão oxidados e não poderão mais sofrer alteração química.

No processo de transporte, pela ação das águas e dos ventos, os minerais leves e as partículas finas são transportados a distâncias maiores. Formam-se depósitos de minerais pesados junto ao filão – colúvio – e junto a pontos preferenciais dentro do curso d'água. A Fig. 10.2 mostra locais de deposição preferencial dentro do curso nos quais a velocidade da corrente é menor ou há "armadilhas" (*traps*) para aprisionar as partículas pesadas.

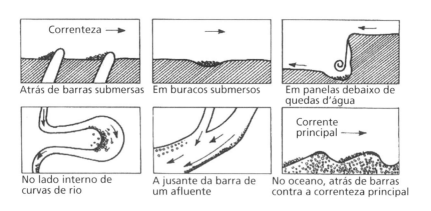

Fig. 10.2 Locais preferenciais de deposição
Fonte: Lewis (1982).

A Fig. 10.3 mostra um depósito de cassiterita no fundo de um igarapé em Rondônia. O fundo, parcialmente revolvido, é o embasamento cristalino. A camada escura imediatamente sobre o fundo é o depósito de minerais pesados, rico em cassiterita, mas contendo também outras espécies, como columbita-tantalita, magnetita, rutilo, zircão e ilmenita – eventualmente topázios e

Fig. 10.3 Depósito de cassiterita em Rondônia

granadas. Sobre essa camada de minerais pesados, há uma camada de areia e, cobrindo tudo, uma fina camada de solo arável (isto é, onde as plantas podem vegetar).

Isso mostra o risco de quaisquer atividades que afetem o solo na Amazônia (não apenas a mineração!): ao destruir-se a capa vegetal, dada a elevada pluviosidade local, o solo será removido, deixando exposta a camada de areia. Essa areia, naturalmente desagregada, será erodida, e o efeito dessa erosão é duplo: destrói o terreno original e assoreia os locais mais baixos, para onde a areia é arrastada. Nota-se esse efeito nas estradas malconservadas e nas lavouras abandonadas, embora os ecologistas de plantão só se levantem contra a mineração!

É importante lembrar que a formação do depósito é um fenômeno geológico e reflete todas as transformações que o terreno sofreu ao longo das eras geológicas. Por isso, esses depósitos ocorrem muitas vezes em paleocanais, em paleolagos e outras antigas depressões, que hoje podem estar elevadas em relação aos níveis anteriores ou cobertas por sedimentos mais recentes. Exemplos de paleocanais são os meandros antigos do rio Araguaia, em Goiás, mineralizados com diamantes, e antigos leitos de igarapés mineralizados com cassiterita, na área do granito Água Boa do Pitinga, no Amazonas.

10.2 Lavra de aluviões

A lavra do depósito pode ser feita de várias maneiras, ditas a seco ou por dragagem.

A lavra por dragagem é feita por equipamentos chamados dragas, que são escavadeiras embarcadas. Muito frequentemente, a usina de beneficiamento é também embarcada, e a draga fornece um concentrado (ou pré-concentrado), que é transportado para a margem, e um rejeito, que retorna ao local de onde o minério foi lavrado. No Sudeste Asiático, existem dragas *offshore* trabalhando em depósitos no fundo do oceano.

A Fig. 10.4A mostra uma grande draga de areia operando e transportando a areia para a margem, por transportadores de correia. Nesse caso em particular, a draga não trabalha num curso d'água ou num lago – ela pode escavar o seu próprio lago! A máquina mostrada nessa figura escava o leito submerso por meio de uma corrente de alcatruzes, que são as caçambas que se veem na Fig. 10.4B.

A Fig. 10.5 mostra a corrente de alcatruzes e duas caçambas, uma delas cheia do aluvião. A Fig. 10.6, por sua vez, mostra uma draga de outro tipo – de roda de caçambas. Ela escava o aluvião com a roda de caçambas, e uma bomba de cascalhos embarcada na draga succiona o material escavado através de um tubo de aço, que serve também de suporte para a roda de caçambas. Uma particularidade dessa draga é que a usina de beneficiamento e os alcatruzes são instalados na mesma embarcação. Dependendo da resistência do minério aluvionar à escavação pelos alcatruzes, a embarcação pode oscilar, prejudicando o processo de concentração em equipamentos como jigues e, em particular, espirais. Ao comparar-se a recuperação metalúrgica na concentração pelos diversos métodos de lavra e concentração (draga de alcatruzes, draga com roda de caçambas, desmonte hidráulico e pás carregadeiras), a draga de alcatruzes apresenta os resultados menos satisfatórios, exatamente em razão dessa oscilação do flutuador (ou pontão flutuante).

10 Lavra e beneficiamento de minérios de aluvião 231

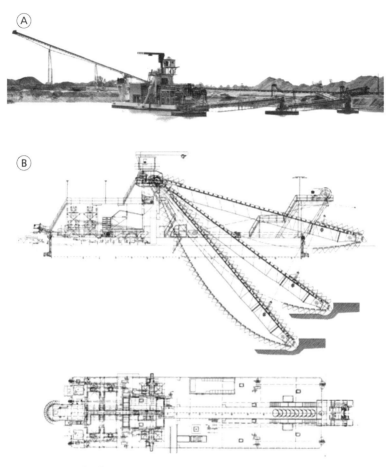

Fig. 10.4 Draga de alcatruzes
Fonte: IHC (s.n.t.-a).

Fig. 10.5 Caçambas ou alcatruzes

Os postes metálicos à direita e ao fundo na Fig. 10.6 servem para fixar a draga no local em que está escavando. Cabos de aço acionados de bordo e fixados à margem fazem a movimentação da draga. Na movimentação, um dos postes é levantado, um dos cabos é tracionado, girando a draga em torno do poste fixo no fundo. O poste levantado é descido e fixado, e levanta-se o outro. Em seguida, a draga é girada pela tração de outro cabo, e assim sucessivamente, até que a nova posição seja atingida, quando então os dois postes são baixados e fixam a draga na posição de trabalho.

Fig. 10.6 Draga de roda de caçambas
Fonte: IHC (s.n.t.-b).

A lavra com draga de roda de caçambas é o método mais eficiente para a lavra de grandes volumes de minério. Sua produtividade supera qualquer outro método de lavra, com a consequente redução dos custos operacionais. Porém, só é praticável em reservas de maior porte e com a coluna mineralizada isenta de blocos rolados de grande porte e de matacões, que prejudicariam a escavação, reduzindo a eficiência e aumentando as perdas na lavra.

Existem outros modelos de draga e outras soluções. Um exemplo é a draga de cabeça cortante, semelhante à draga de roda de caçambas, mas que, em vez dessa roda, tem uma cabeça rotativa que corta o fundo. O material cortado é succionado através do tubo/suporte da cabeça cortante. Operadores de depósitos de minerais pesados têm restrições a esse equipamento, pelo risco de as partículas pesadas maiores não serem arrastadas pela corrente de sucção e se perderem. Entretanto, a draga de cabeça cortante pode ser bem empregada na remoção do estéril que cobre o minério, essencialmente arenoso. Essa era a prática da Mineração Tejucana, em Diamantina (MG).

Outra solução são as retroescavadeiras. Elas trabalham na superfície do terreno e escavam o material abaixo delas (lavra a seco), ou então embarcadas, descarregando o material escavado numa embarcação auxiliar. Os paulistanos que passam pelas avenidas marginais dos rios Tietê e Pinheiros estão familiarizados com esse tipo de equipamento. No passado, tentou-se utilizar dragas de cabeça cortante, uma vez que o lodo removido contém apenas areia e lamas. A operação fracassou por causa dos entupimentos frequentes com travesseiros, colchões e outros objetos lançados ao rio.

Na lavra aluvionar, o uso de retroescavadeiras é o método com maior potencial de perdas na lavra, uma vez que o minério está oculto sob a lâmina d'água e a operação é feita praticamente às cegas. A operação deixa para trás pequenos volumes da porção inferior do perfil mineralizado, justamente a parte mais rica do depósito. Perdas também acontecem junto a blocos maiores de rochas roladas submersas (matacões), troncos de árvores etc. A eficiência da operação de lavra passa, portanto, a depender muito da experiência e do cuidado do operador da retroescavadeira.

Outro método muito utilizado é a lavra por desmonte hidráulico, mostrada nas Figs. 10.7 a 10.13. A Fig. 10.7 mostra o *layout* da operação. Se existir, o curso d'água (rio ou igarapé) precisa, de início, ser desviado (Fig. 10.8).

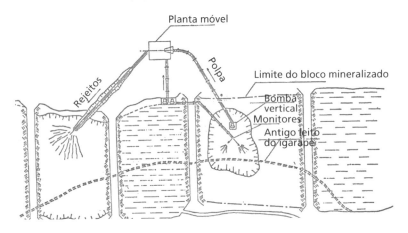

Fig. 10.7 Lavra por desmonte hidráulico

Uma usina de beneficiamento móvel (Fig. 10.9) opera ao lado do painel que estiver sendo lavrado. Quando esse painel tiver sido exaurido, ela será movida para junto do próximo painel a ser lavrado. Isso porque, como já assinalado muitas vezes, minérios de aluvião são muito pobres e não pagam o transporte até uma usina de beneficiamento central. O que se faz, então, é levar a usina para junto do depósito e movimentá-la quantas vezes for necessário. Daí a vantagem das dragas com usinas embarcadas.

Fig. 10.8 Curso d'água desviado   **Fig. 10.9** Usina móvel

São necessários sempre três painéis em operação. O primeiro deles já foi lavrado, está vazio e serve para acumular a água que será utilizada no desmonte (Fig. 10.10). Notam-se nessa figura as bombas que alimentam os monitores hidráulicos. O segundo painel está sendo lavrado (Fig. 10.11). O terceiro, a montante dos anteriores, é um painel antigo, que já foi exaurido (Fig. 10.12). Ele será cheio com o rejeito produzido na usina móvel. Lembre-se de que o minério é muito pobre e, por isso, a quase totalidade do material lavrado se constituirá em rejeito.

A lavra por desmonte hidráulico é, portanto, um método muito inteligente, que reconstrói a topografia local conforme a lavra avança. Nas condições em que é operado na Amazônia, nos pontos mais baixos da topografia local, a natureza se autorregenera, pois anualmente ocorrem uma ou duas inundações, que cobrem a área lavrada de limo e húmus, repondo o solo arável.

A Fig. 10.13 mostra os monitores e a bomba que remove a polpa. Trabalham sempre dois monitores: um derrubando o barranco à frente e o outro empurrando a polpa e acertando a sua diluição.

Fig. 10.10 Reservatório de água

Fig. 10.11 Desmonte hidráulico

Fig. 10.12 Depósito de rejeito

Fig. 10.13 Monitores

Ao fundo da figura, vê-se a bomba de cascalho ("chupadeira"), que envia a polpa para a usina móvel. Nesse caso em particular, a motorização é a diesel, o que permite variar a rotação da bomba.

Dois aspectos positivos da lavra por desmonte hidráulico precisam ser ressaltados:

1. é o método com menores perdas na lavra, pois os operadores trabalham com a coluna mineralizada inteiramente exposta, como se vê nas Figs. 10.11 a 10.13. O seu limite inferior é perfeitamente definido e visível, de modo que a recuperação na lavra é de virtualmente 100%;

2. a usina de beneficiamento é necessariamente de pequeno porte, porque precisa ser móvel para acompanhar a frente de lavra. Ela é, portanto, mais fácil de operar e mais bem controlada, permitindo as maiores recuperações metalúrgicas. A experiência mostra que é o único método de lavra aluvionar em que não é necessário relavrar os rejeitos produzidos.

10.3 Bolas de argila e *scrubbers*

A presença de bolas de argila é um problema muito frequente no tratamento de minérios de aluvião (ouro, cassiterita e diamantes). Essas bolas formam-se nos equipamentos vibratórios, como alimentadores e peneiras, e rolam por cima da tela. Existe forte crença de que o teor de minerais de minério nessas bolas é maior do que no minério como um todo.

Essas bolas precisam ser desmanchadas e, para tanto, utilizam-se *scrubbers*, que são tambores enormes, com paredes dotadas de aletas, que recebem polpa relativamente espessa (cerca de 50% de sólidos em peso) e a agitam durante o tempo suficiente para desagregar as bolas. Esse mesmo equipamento é padrão no beneficiamento de bauxita, para desprender as camadas de argilominerais que revestem as partículas de bauxita.

Existem no mercado *scrubbers* montados sobre pneus. Como profissionais de engenharia, condenamos veementemente essa solução: se um dos pneus murchar, o que é muito fácil de acontecer, o equipamento todo fica desequilibrado e pode cair, colocando em risco não só o investimento mas, principalmente, a vida de quem estiver por perto.

A Fig. 10.14 mostra um *scrubber* utilizado na lavagem de bauxita, durante a sua montagem. A faixa de relações L/D normalmente utilizada fica entre 1,5:1 e 2,5:1, mas geralmente é mantida em torno de 2:1 (Costa, 2010). A boca de alimentação tem diâmetro

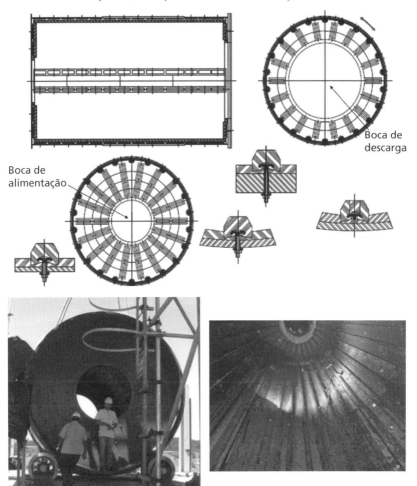

Fig. 10.14 *Scrubber* industrial

menor que a boca de descarga, criando o desnível necessário para que a polpa flua através do tambor. A velocidade de rotação recomendada é em torno de 30% da velocidade crítica.

Os parâmetros de dimensionamento são o volume útil (geralmente em torno de 30%) e o tempo de residência, determinado experimentalmente com betoneiras. Varia-se o tempo de agitação da polpa e mede-se a porcentagem passante numa malha característica (p. ex., 100#). Quando a porcentagem passante se estabiliza, está determinado o tempo de residência de laboratório.

As variáveis operacionais são o volume útil (expresso em porcentagem do volume total); a velocidade de rotação – moinhos operam na faixa de 70% a 75% Vc, ao passo que *scrubbers* tendem a trabalhar na faixa de 30% a 65% (Miller, 2004) –; o tempo de residência da polpa; a altura das aletas de revolvimento; e a porcentagem de sólidos da polpa alimentada (Costa, 2010). A quantidade de água adicionada junto com a alimentação afeta não só a velocidade com que as partículas passam pelo equipamento (e, consequentemente, o seu tempo de residência no interior dele), mas também a viscosidade e a densidade de polpa (e, consequentemente, a ação mecânica da desagregação entre as partículas). O perfil do revestimento afeta a trajetória das partículas.

Para o *scrubber* industrial, deve-se usar um fator de escala, geralmente em torno de 0,5. O tempo de residência industrial é metade do determinado em laboratório (Miller, 2004).

A Tab. 10.1 reproduz os dados do catálogo da Telsmith (s.d.).

Tab. 10.1 Scrubbers fornecidos pela Telsmith

Tamanho	Diâmetro (")	Comprimento (ft)	L/D	Potência (HP)	Consumo de água (gpm)
72 short	72	10,5	1,75	75	225-1.040
72 long	72	14	2,33	125	
96 short	96	14	1,75	200	550-2.400
96 long	96	21	2,63	250	
120 short	120	17,5	1,75	350	1.000-4.000
120 long	120	24,5	2,45	500	

Fonte: Telsmith (s.d.).

Exercício resolvido

> Dimensionar um *scrubber* para desagregar finos de minério de ferro que estavam acumulados numa barragem. A vazão de alimentação é de 1.300 t/h. Ensaios em laboratório recomendaram trabalhar com 50% de sólidos em peso e determinaram o tempo de residência de 4 minutos. O cliente deseja que a relação L/D seja de 2. A experiência recomenda utilizar volume útil de 40%. Peso específico do minério = 5,0.

Solução:

Inicialmente, são acumuladas as características da polpa alimentada:

t/h sólidos	1.300,0	2.600,0	t/h polpa
% sólidos	50	1.300,0	m³/h água
peso específico	5,0	1.560,0	m³/h polpa
m³/h sólidos	260,0	16,7	% sólidos em volume

Em seguida, calcula-se o volume do *scrubber*, que é a vazão de polpa multiplicada pelo tempo de residência (industrial). Considerando que esse volume é de apenas 40% do volume total do *scrubber* e considerando o fator de escala 0,5 = 1/2, tem-se:

$$\text{volume do scrubber} = \frac{(1.560,0/60) \times (4/2)}{0,4} = 130 \text{ m}^3$$

Uma vez que a relação L/D do *scrubber* é de 2:1, o volume do cilindro é de:

$$V = (\pi \cdot D^2/4) \cdot 2D = (\pi \cdot D^3/2)$$

Então, $[D = (2 \cdot V)/\pi]^{0,333} = 5,5$ m.

Ou seja, o *scrubber* recomendado tem dimensões de 5,5 × 11 m.

Referências bibliográficas

CHAVES, A. P. Métodos de concentração e extração de ouro. *Brasil Mineral*, n. 14, p. 26-35, jan. 1985.

COSTA, J. H. B. *Modelagem matemática da operação de escrubagem da bauxita de Paragominas - PA*. Dissertação (Mestrado) – Escola Politécnica da USP, São Paulo, 2010.

IHC. IHC beaver 750 W. *IHC Holland*: catálogo. [s.n.t.-a].

IHC. IHC 425 I aggregate bucket ladder dredger. *IHC Holland*: catálogo. [s.n.t.-b].

LEWIS, A. Gold geology basics. *Engineering and Mining Journal*, p. 66-72, fev. 1982.

MILLER, G. Drum scrubber design and selection. *Conference on Metallurgical Plant Design and Operating Strategies*. Carlton: Australasian Institute of Mining and Metallurgy, 2004. p. 529-539. Disponível em: <http://www.millermet.com/index.php?page=papers>.

TELSMITH MANUFACTURING CO. *Aggregate handbook*. Milwaukee: Telsmith, [s.d.].